Überfluss?
Was für ein Schmarrn!

TONI KLEIN

ÜBERFLUSS?
WAS FÜR EIN SCHMARRN!

WARUM WIR VOLL IM MANGEL LEBEN
UND WIE DU IN DIE FÜLLE KOMMST

INHALT

TEIL 3:

Wie du aus dem Mangel in die Fülle kommst **160**

GRIAß DI, I BIN DER TONI!

Servus, wie geht's dir? Eigentlich super? Job okay, Beziehung okay, Freunde okay, Wohnung okay und so weiter? Eigentlich hast du alles im Überfluss?

Und trotzdem gehts dir irgendwie nicht so super. Irgendetwas reicht nicht, das spürst du. Gut ist ja gut und schön, aber besser ist einfach besser!

Ich weiß genau, was du meinst, denn an der Stelle war ich vor einiger Zeit auch in meinem Leben angelangt. Ja klar, ich war super fit unterwegs, die Geschäfte liefen rund, und ich hatte eine nette Freundin – alles okay. Und doch hab ich einen Mangel gespürt. Da wurde mir klar, dass zu einer überragenden Lebensqualität viel mehr als nur „alles okay" gehört.

Dabei geht es nicht um „immer mehr", sondern es geht um „genug vom Richtigen". Das ist der Schlüssel zum Leben in der Fülle statt im Mangel. Das kann nämlich so ziemlich jeder führen – er muss nur wissen wie.

Und das „Wie" steht in diesem Buch. Ich schreibe auch was über das „Warum": Warum so viele nicht die Energie haben, die sie haben könnten. Warum so viele mit ihrem Gewicht und ihrer Figur kämpfen. Warum so viele sich damit zufriedengeben, zu überleben, statt so gut wie möglich zu leben.

Das hat nämlich alles einen Grund. Und wenn du was ändern willst, dann ist es gut, wenn du den kennst. Dann ist das Ändern gar nicht so schwer, wie du vielleicht meinst. Es macht sogar Spaß.

Glaubst du nicht? Dann will ich's dir zeigen. Wir fangen mal damit an, was für Schmarrn wir überall hören …

TEIL 1:

WELCHER SCHMARRN

UNS STÄNDIG AUFGETISCHT WIRD

SCHMARRN 1:
Wir leben im Überfluss

Schau dich um in den Shopping-Malls, in den Supermärkten, in den Restaurants, in den Städten. Obst, Gemüse, Fleisch, Brot, Teigwaren, Reis, Milch, Käse, Tofu, Süßigkeiten – wir haben so viel Nahrungsmittel, dass wir die Hälfte davon wegschmeißen. Du kriegst Klamotten in allen Größen, von allen Marken, in allen Preiskategorien. Jeder hat nicht nur das neueste iPhone in der Tasche, eine Alexa auf dem Wohnzimmertisch und in jeden Zimmer Flatscreen für die Netflix-Serien an der Wand – vielleicht sogar noch einen kleinen an der Wand im Klo. Du kannst Reisen von nah bis fern buchen und hast Karrieremöglichkeiten noch und nöcher. Für jeden erdenklichen Zweck gibt's Vereine und deine Freizeitoptionen sind exorbitant – alles ist im Überfluss da. Wie im Schlaraffenland. Uns fehlt nix, das würden die meisten sagen, wenn sie ihre Luxusproblemchen mal beiseitelegen.
Oder? Ist das so?
So ein Schmarrn, sag ich nur ... Uns fehlt doch jede Menge. Und es stimmt nicht, was die Medien sagen: Wir leben nicht in einer Überflussgesellschaft. Wir leben in einer Mangelgesellschaft!

WORAN ES DIR FEHLT

Schau dich doch an: Hast du wirklich genug Zeit? Hast du echt Zeit im Überfluss? Hast du zu viel Zeit

- für deine guten Freunde,
- für deine Familie,
- für Bewegung in der Natur,
- für Sport,
- für die Pflege deiner Beziehung,
- für dich?

Sei ehrlich zu dir:

- Hast du zu viel Gesundheit?
- Hast du zu viel Fitness/zu viel schönen Körper?
- Hast du zu viel gutes, natürliches Essen?
- Hast du zu viel Spaß an der Arbeit?
- Hast du zu viel guten Sex?

Wenn deine Antwort immer ein klares Ja ist: Wow, Gratulation!
Aber ganz ehrlich: Ich glaub das nicht.
Ich weiß von mir und von so vielen Menschen, die ich treffe und mit denen ich rede, dass es in der Wirklichkeit ganz anders ausschaut. Und ich treffe echt viele Leut. Durch mein Coaching bin ich unglaublich vielen Menschen begegnet, die massive Mängel haben – nicht nur an Bewegung; nicht nur an gutem Essen. Auch emotional. Und sogar in der High Society oder der Show-Biz-Szene, da sehen die Leut alle super aus, geschminkt und rausgeputzt wie auf dem Ball. Aber wie es in ihnen drinnen aussieht, das merkst erst, wenn du ein paar Minuten in Ruhe mit den Menschen redest. Da wird eine Sehnsucht nach ganz verschiedenen Dingen spürbar: nach Natur. Danach, nicht immer top aussehen zu müssen. Nach Entspannung. Nach Freude. Nach hemmungslosem Lachen. Nach echten, tiefen Freundschaften. Nach Liebe. Geborgenheit. Spaß. Und nach ganz viel mehr.
Das Gleiche seh ich bei Freunden, Bekannten, Kunden und Menschen im Publikum bei meinen Vorträgen. Bei den meisten ist's nix mit Überfluss an solchen Dingen. Da herrscht eher Engpass. So wie bei so ziemlich allen von uns. Wir leiden Mangel!
Zum Beispiel an frischer vitalstoffreicher Ernährung. Klar, wir essen viel, hungern muss keiner von uns. Außer dein Partner hat dich auf Diät gesetzt. Aber dem Körper fehlt es trotz der Unmengen an Futter, die du täglich in dich hineinstopfst, an dem, was er wirklich braucht. Ausreichend Vitamine, Nährstoffe, Wasser.
Wenn ich in Großstädten bin und morgens mal die U-Bahn nehme, sehe ich auch jedes Mal dem Mangel ins Gesicht. Schau dir bloß deine

Mitfahrer an, die auf dem Weg zur Arbeit sind. Du erkennst sie an ihrem schlaffen Mund. Das zeigt, dass sie dort den gleichen Mangel erwarten, den sie schon am Tag davor und am Tag davor erlebt haben: den Mangel an Spaß, Freude und Anerkennung.

Klingt vielleicht nicht so dramatisch. Nach dem Motto: Arbeit ist Arbeit, muss sie unbedingt Spaß machen? Ja, muss sie! Sonst wirst du krank! Hast du keinen Spaß, dann bedeutet das, du kriegst keine Anerkennung. Das fehlt dir dann ganz gewaltig! Das ist ein Mangel, den kannst du mit noch so viel Sport und noch so gesunder Ernährung gar nicht wegbringen. Es gibt eine wissenschaftliche Studie, die sagt, dass Anerkennung und Wertschätzung bei der Arbeit und auch sonst im Leben für die Gesundheit mehr bringt als jedes Fitnesstraining.

So weit, so schlimm. Wenn wir dann abends nach so einem Tag nach Hause kommen und haben wenigstens guten Sex, dann entschädigt der für alles. Oder?

Schmarrn ...

Wenn du so unerfüllt von der Arbeit nach Hause kommst, dann wird es auch im Bett nix mehr. Wie soll das funktionieren, wenn da zwei aufeinandertreffen, die frustriert und ausgelaugt sind und denen es an so viel anderem fehlt?

WENN DU UNERFÜLLT HEIMKOMMST, WIRD ES AUCH IM BETT NIX MEHR.

Und schon wieder mangelt's!
An allen Ecken und Enden fehlt es an wesentlichen Dingen, und zwar daran:

- An Zeit für dich: Wie viel Zeit nimmst du dir nach Abzug von Arbeit und sonstigen Verpflichtungen wirklich für dich? Dafür, mal deinen Gedanken, Träumen, Bedürfnissen nachzugehen? Mal Ideen zu spinnen? Mal nichts zu tun?
- An Zeit, Dinge zu tun, die dir wichtig sind, statt immer nur darüber zu reden: Zeit für die Renovierung, für das Buch, das du im Urlaub angefangen hast, für die Aussprache mit dem Freund, für den Tag am See oder was du sonst noch aufschiebst.
- An Humor: Mal ehrlich, wie oft am Tag lachst du? So richtig echt und ungezwungen?
- An guten Gesprächen: mit Kollegen, Freunden, mit Fremden, die dir begegnen.
- An guten Freunden: Trotz Beziehung, trotz der ganzen Internetfreunde: Mit wem triffst du dich, wenn es dir mal dreckig geht?

Glaub mir, ich kenn den Mangel aus eigener Erfahrung. Bei mir war das immer so: Nach einer intensiven Woche, wenn ich mit sieben oder acht Vorträgen so richtig Gas gegeben hatte, da war ich am Wochenende immer angeschlagen. Jeder hat zu mir gesagt: „Ja logisch, dein Körper holt sich jetzt, was er braucht." Ein ganz schön blöder Spruch in dem Moment. Aber schon richtig. Eigentlich will ich doch gerade am Wochenende Energie haben, damit ich was Schönes unternehmen kann!
Im Urlaub war's ganz dasselbe: Eigentlich wollte ich den Sport nachholen, zu dem ich sonst nicht gekommen bin. Ich hab mich schon total gefreut auf Sandstrand, Sonne, Beachvolleyball – und kaum war ich am Urlaubsort angekommen, zack, wurde ich krank.
Der Grund war nicht der Stress allein. Wenn du für eine definierte, überschaubare Zeit Stress hast, weil du gerade viel vorhast, das können der Körper und der Geist mit genug Fokus super verkraften. Was

mir aber in diesen intensiven Phasen wirklich fehlte, war gutes Essen. Der Baustoff für meine Zellen. Und zwar grundsätzlich. Obwohl ich immer das Gegenteil gepredigt hab, hab ich selber lieber mal eine Mahlzeit ausgelassen. Und war auch sonst nicht zimperlich, hab mich in Phasen hoher Belastung total unbedacht und unregelmäßig ernährt.

MEIN KÖRPER WAR EINE GLATTE VIER.

Die Quittung hatte ich auf dem Tisch: Mein Körper war, in Schulnoten gesprochen, eine glatte Vier! Das war nicht nur so ein Gefühl. Nein, ich hab das messen lassen. Bei den ganz wesentlichen Vitamindepots lag der Wert bei Na-ja-reicht-gerade-noch. Die Deutsche Gesellschaft für Ernährung sagt bei diesen Werten tatsächlich, das läge gerade noch im grünen Bereich. Jeder Arzt hätte zu meinen damaligen Werten gesagt: Passt! Ich sag dir: Das passt vielleicht, wenn du ganz entspannt am Mittelmeer lebst, kaum Belastungen hast, dich supergesund ernährst und dich schonst. Aber eben nicht mehr, wenn du wirklich leistungsfähig sein willst und auch mal Gas gibst.
Die Ernährungsfalle war übrigens nicht der einzige Mangel, in den ich mich hineingeritten hab. Indem ich früher meine ganze Zeit und Energie voll in die Arbeit investiert hab – kannst dir schon vorstellen, was ich dabei noch übersehen habe. Ja, ich hab in dieser Zeit die meisten meiner Freunde verloren. Und das waren nicht irgendwelche Typen, sondern richtig dicke Kumpels. Mit denen hatte ich in der WG gelebt und alles geteilt. Wirklich alles. Da denkst du, so a Verbindung hält ewig. Heute weiß ich, Freundschaften halten nur, wenn du sie gießt wie eine Blume. Und im Studium, hey, da haben wir alle nur gegossen ... Als ich mich zurückgezogen hatte, und alle Einladungen aus Zeitmangel ausschlug, wurde ich irgendwann auch nicht mehr eingeladen. Da fing ich an, den Schmerz zu spüren. Ich hatte Hunderte Bussi-Bussi-Kontakte. Aber echte Beziehungen waren nur noch eine blasse Erinnerung.

ZU VIEL MEHR ALS GENUG

Es ist einer von den herrlichen Herbsttagen, an denen die Sonne durch die spärlicher werdenden Blätter scheint. Es ist warm genug, die Kaffeetafel ist draußen gedeckt. Es stehen die leckersten Kuchen darauf. Alle Tanten und Onkels sind gekommen zum Kindergeburtstag vom Kleinen. Die Stimmung ist entspannt, es wird viel gelacht.
Nur der Bub ist schon ganz aufgeregt: So viele Geschenke. Wann gibt die Mutter endlich das Zeichen, dass er sie aufmachen darf? Er trippelt ungeduldig vor dem Gabentisch auf und ab, fährt mit der Hand vorsichtig mal über das eine, mal über das andere Packerl.
Wo ist es wohl drin?
Schließlich erbarmt sich die Mutter und nickt ihm zu. Und sofort nimmt sich das Kind das erste Geschenk und fängt an, es mit zitternden Fingern aufzumachen. Ungeduldig zerrt der Bub an den Geschenkbändern. Er weiß schon, dass er das Geschenkpapier nicht zerreißen soll, das wird schließlich wieder gebraucht. Aber warum müssen die Banderl so fest geknotet sein.
Endlich hat er den Kampf gewonnen und wickelt das Geschenk aus. Schaut es kurz an und legt es sofort beiseite. Nimmt sich rasch das nächste Schachterl. Gleiches Spiel.
Die Verwandten schauen halb belustigt, halb erstaunt zu. Die Mutter schämt sich, der Vater runzelt die Stirn.
Schließlich ist der Bub beim letzten Packerl. Bevor er es öffnet, schaut er noch mal kurz nach oben, als würde er ein Stoßgebet zum Himmel schicken. Macht das Geschenk auf. Bricht in Tränen aus. Rennt ins Haus. Die Erwachsenen im Garten schauen sich verblüfft an.

Ein Berg voller Dinge, nur das Richtige ist nicht dabei. Und all das, wovon du so viel hast, freut dich gar nicht. So geht's nicht nur dem kleinen Jungen, der seinen einen Wunsch nicht erfüllt bekommt. So geht's jedem Menschen, der im

Mangel lebt: Auch wir Erwachsenen wünschen uns manches und bekommen etwas ganz anderes.

Die Regale im Supermarkt sind prall gefüllt. Alles in x Sorten und Varianten. Du brauchst nur zuzugreifen. Aber merkst du was? Du stehst vor dem Riesenangebot und bist überfordert. Bist mehr verwirrt als glücklich.

Wer heute fünfmal in der Woche Fleisch essen will, der denkt nicht darüber nach, der macht es einfach. Vielleicht schmeckt es ihm gar nicht, aber in der Imbissbude nebenan gibt es nun mal nur das Wurst- oder Leberkässemmerl.

Oder schau: Wenn du heute deinen Geburtstag feierst und lädst dir Leute ein. Was bringen die dir als Geschenk mit? Eine Flasche Wein? Eine Schachtel Pralinen? Solche Geschenke sind ja nett gemeint, aber Freude machen sie keine – außer du bist Pralinenfetischist oder sammelst Weinflaschen aus aller Welt oder so. Nur: Deine Freunde wissen ja gar nicht mehr, was sie dir schenken sollen. Alles, was sie dir kaufen können, kannst du dir doch locker selber kaufen. Also nehmen sie das, was man so mitbringt. Immerhin sind's keine Staubfänger. Aber ich hab schon Einladungen gesehen, wo draufsteht: „Bitte keine Geschenke, Wein und Bücher habe ich schon genug."

Diesen Überfluss findest du aber nicht nur beim Essen oder bei Geschenken. Du findest ihn in allen Lebensbereichen. Das, was früher Luxus war für ein paar wenige, das können sich heute fast alle leisten. Drei Wochen Bali? Click, schon gebucht. Wellness inklusive? Click, ist reserviert. Und noch ein Strand-Dinner? Man gönnt sich ja sonst nichts! Click. Erledigt.

Und jetzt?

Spüren die Menschen danach schon die Vorfreude kribbeln? Bleiben sie tagträumend auf dem Sofa sitzen? Wollen sie am liebsten gleich los? Na ja, eigentlich nicht. Sie machen das Tablet aus und gehen zum nächsten Punkt auf ihrer Agenda über.

ES IST ALLES IM ÜBERFLUSS DA. WO IST DAS PROBLEM?

Oder wie wäre es mit einem dicken Auto vor der Tür? Wie, du kannst dir das gerade nicht leisten? Dafür gibt es doch den Kauf-dich-tot-Sofortkredit – heute kaufen, morgen über das Abstottern nachdenken. Nix ist mehr unmöglich.

Ich kenne auch viele Leute, die besuchen ein Seminar nach dem anderen. Die nehmen sich dazwischen gar keine Zeit, um was sacken zu lassen. Werden sie dadurch schlauer? Fühlen sie sich? Eher net. Meistens sind sie am Ende der einen Veranstaltung gleich wieder auf der Suche nach dem nächsten tollen Seminar.

Und besonders auffällig ist es im Bereich der Beziehungen: Neue Leute zu finden ist heute leichter denn je. Über Tinder, Facebook und Konsorten Kontakt zu fremden Menschen knüpfen: kein Problem, jederzeit. Es gibt Single-Börsen noch und nöcher, on- und offline. Aber gleichzeitig gibt's immer mehr Menschen, die allein leben. Die klagen, dass sie niemanden an ihrer Seite haben.

Wie kann das sein? Überfluss heißt doch, dass es alles in Hülle und Fülle gibt. Aber vielleicht ist genau das der Trugschluss. Überfluss zu haben ist ganz was anderes, als Fülle zu haben. Und genau deshalb sag ich dir, dass es das ist, warum es uns heute nicht gut geht: Wir ertrinken im Überfluss. Aber wir hungern nach Fülle.

ÜBERFLUSS STATT FÜLLE

Das ist der Überfluss: Immer mehr überflüssige Produkte, mehr überflüssige Arbeit, mehr überflüssige Hektik, mehr überflüssige Kommunikation, mehr überflüssige Information, mehr überflüssige Möglichkeiten – immer mehr und immer mehr. Denn eigentlich brauchst du die neue Klamotte gar nicht und auch nicht die neue Geschmacksrichtung beim Joghurt, das neue Logo deiner Firma, das neue Fortbildungsseminar. Geschenkt! Du brauchst das nicht. Kein Mensch braucht das!

In all dem Überfluss fehlt es uns an den wirklich wichtigen Dingen. Wir brauchen etwas, das uns erfüllt. Etwas, das uns wirklich nährt.

Und dabei meine ich nicht nur nähren im wörtlichen Sinne.
Klar, am reinen Ernähren hapert es auch. Denn industriell gefertigte Lebensmittel taugen nichts. Die kannst du zwar schnell in die Mikrowelle schieben, aber sie geben deinem Körper nichts. Keine Vitalstoffe. Nichts, was deinem Körper wirklich guttut.

WIR BRAUCHEN DINGE, DIE UNS ERFÜLLEN.

Du brauchst mehr davon, was dich in die Fülle bringt. Und zwar viel mehr. Und ich denke weit über richtiges Essen hinaus. Es geht darum, wie du lebst. Wie du dich, dein Leben und deinen Körper versorgst. Da gehört so viel dazu.
Nur als Beispiel: Umgibst du dich mit Leuten, die dir guttun, oder hakst du nur die nötigen Begegnungen ab? Damit am Ende die Karriere oder der vermeintlich vorzeigbare Freundeskreis stimmt. Nur Begegnungen erfüllen oder wirklich erfüllende Begegnungen haben – das ist ein riesiger Unterschied. Das eine ist wie Packerlsuppe und runterwürgen. Das andere, das ist der Volltreffer, das absolut richtige Geschenk. Wenn du Menschen um dich hast, die du wirklich magst und die dich mögen, dann bist du erst erfüllt von dieser Begegnung. Alles andere ist überflüssig.
Fülle entsteht durch Liebe und Wertschätzung, nicht durch die jährliche Fernreise. Es sei denn, du bist ein Weltenbummler und freust dich schon nach deiner Rückkehr auf den Moment, wo's wieder losgeht.

FÜLLE HAT NIX MIT MENGE ZU TUN.

Fülle entsteht, wenn du rausgehst an die frische Luft. Nicht dadurch, dass du dir einen Zweitwagen vor die Tür stellst.
Fülle entsteht nicht durch eine besonders große Auswahl, sondern sie entsteht, wenn du etwas hast, was du wirklich willst. Etwas, das

dir wirklich guttut. Denn das macht den Unterschied zum Überfluss aus.

Leise geht die Tür zum Kinderzimmer auf. Die Oma kommt rein und beugt sich über den Buben, der immer noch weinend auf seinem Bett liegt. Sie streichelt ihm mit der Hand über den Rücken und sagt: „Musst net weinen. Schau, i hob do no was für di."
Sie zieht eine kurze Lederhose aus ihrem großen Handtascherl.
Ein ungläubiger Blick. Ein Jubelschrei.
Der Junge packt die Hose und drückt sie an seine Brust: „Omi, wie hast du das g'wusst?"
„Ich hab dir halt zughört. Aber sie is net neu, deshalb wollt i sie net zu den vielen neuen Sachen auf den Geschenktisch legen. Die is no von dei'm Bapa!", sagt sie und tätschelt fast wehmütig das geschmeidige Leder.
Selig dreht sich der Junge um seine eigene Achse. Das ist der schönste Geburtstag in seinem Leben. So fühlt sich Fülle an.
Der Bub war übrigens ich und an die G'schicht muss ich noch heute denken, wann immer ich meine Oma triff. Ich hoffe, du hast auch das Glück, so eine Oma zu haben.

DER MANGEL IST KEIN SPASS

Das mit dem Mangel ist nix, was nur so a bisserl was ausmacht. Das mit dem Mangel ist eine echt ernste Sach. Denn ich sag dir eins: Der Mangel, der geht dir ans Leben.
Ich selber weiß das nur zu gut, denn ich hab das absolut schmerzhaft bei meinem eigenen Vater erlebt. Er war ein herzensguter Mensch. Und hat sich mit seinem Außendienstjob – mit viel Druck, wenig Bewegung, Essen immer nur unterwegs und aus der Hand, wenig Zeit mit der Familie – früh einen sakrischen Diabetes eingehandelt.
Diabetes entsteht bei den allermeisten nur aufgrund eines mangelhaften Stoffwechsels – aber das hat

damals noch keiner gewusst. Deshalb hat ihm der Arzt gesagt, dass er immer Diät halten muss, ja keinen Ausrutscher wie ein Stück Kuchen oder einen Braten oder ein Glaserl Wein. Der totale Verzicht.
Und kaum was läuft mehr gegen unser natürliches Prinzip als dauernder Verzicht. Das hat er natürlich nicht ständig durchhalten können und hat sich nach jedem Ausrutscher schlecht und wie ein Sünder gefühlt. Er ist dadurch immer mehr in den Mangel geraten, den er eh schon hatte.
Gearbeitet hat er weiter wie ein Tier, weil er wollte ja die Familie weiter ernähren.
Wie er im Spital lag, weil ihm drei Zehen abgenommen werden mussten, hat er auf einen Schlag überhaupt keine Bewegung mehr gehabt. Der Arzt war noch ganz stolz, dass mein Vater in der Zeit abgenommen hat. Seine Oberschenkel waren nur noch Steckerl, das bisserl an Muskeln, was er vorher gehabt hatte, war auch noch weg.
Als ich damals mit einem Elektrostimulationsgerät ankam, um die Muskeln wenigstens so zu aktivieren, haben mich die Ärzte weggeschickt – das ginge nicht bei Diabetes, haben sie gesagt. Heute wüsste ich es besser, aber damals habe ich den Ärzten geglaubt.

Kurz vor seinem Tod sagt mein Vater im Spital zu mir: „Toni, das Leben macht keinen Spaß mehr."
„Warum denn, Vater?"
„Alles, was ich gern essen würde, darf ich schon seit 20 Jahren nicht mehr."
Und dann fügt er noch etwas hinzu, was viel entscheidender ist, was ich aber erst viel später kapiert habe: „Für alles, was mir Spaß machen würde im Leben, habe ich sowieso keine Energie."
Diese Leidenszeit meines Vaters hat mich unheimlich geprägt. Vielleicht gerade, weil ich in dieser Zeit über meine Fernsehpräsenz ständig mit irgendwelchen halbwichtigen High-Society-Leuten durch die Gegend geschwirrt bin. Der Kontrast zwischen all dieser Oberflächlichkeit und dem Zustand von meinem Vater hat mich in der Phase stark geerdet.

MEIN VATER IST IM TOTALEN MANGEL GESTORBEN.

Mein Vater ist schlussendlich in diesem totalen Mangel gestorben. Ich bin heute fest davon überzeugt, dass man ihm hätte helfen können: mit der richtigen Einstellung, mit dem entsprechenden Training und der richtigen Ernährung. Und ich leide immer noch darunter, dass ich damals noch nicht die nötige Erfahrung, das nötige Wissen und das nötige Selbstvertrauen hatte, um mich mit ihm zusammen durchzusetzen gegen die Leute im Spital: Die kennen sich zwar mit Krankheiten gut aus, aber nicht mit der Gesundheit. Sie betreiben eine Reparaturmedizin, die die Beschwerden für eine Zeit beseitigen. Richtig gesund werden die Menschen dadurch nicht.

Auch für ihn mache ich das, was ich heute tue. Ich hab die Hoffnung, dass ich vielen Menschen mit diesem Wissen um den Mangel helfen kann. Und wir alle miteinander viel Leiden, das aus Mangel heraus entsteht, verhindern können.
Denn es ist der Wahnsinn, was ein dauerhafter Mangel alles auslöst. Alles, was wir heute Zivilisationskrankheiten nennen, zum Beispiel Herzinfarkt, Schlaganfall, Depression, Burn-out, Diabetes usw., entsteht rein aus dem Mangel heraus. Aus dem Mangel an Zeit, Bewegung, Ruhe, Freude, richtiger Ernährung und vielem mehr. Dem Mangel, den auszugleichen uns der Überfluss hindert. So führt eigentlich der Überfluss direkt in die Krankheiten.
Da entsteht ein Teufelskreis, denn der Mangel führt zu noch mehr Mangel. Das, was mein Vater gesagt hat, dass er keine Energie für irgendwas Spaßiges hat, das seh ich heute bei so vielen Leuten.
Das Problem ist echt: Wenn so was chronisch wird, dann kommst du da nicht mehr raus.

MANGEL NIMMT DIR ALLES, ENTWEDER SCHNELL ODER SCHLEICHEND.

Es wird in der Medizin auch mehr und mehr klar, dass nur ein ganz kleiner Teil der Krebsfälle genetisch bedingt ist, also was, an dem du nicht viel machen kannst. Alle anderen Fälle sind zum Großteil „selbst gemacht". Verursacht durch Dinge, die man selber beeinflussen könnte. Das ist die Bewegung, das ist die Ernährung, das ist die Emotion, die man so lebt.
Bei ganz elementaren Bedürfnissen hat ein Mangel ziemlich schnell gravierende Folgen. Und da geht es nicht nur um Flüssigkeit und Nahrung. Es gibt Untersuchungen, die zeigen, dass Babys sterben können, wenn sie zwar mit Essen und Trinken versorgt werden, aber sonst nicht beachtet werden. Krass, gell?
Wenn ich mir die Leute heute so anschaue: So wie die vereinsamen, ist das kein Wunder, dass heute auch Erwachsene an mangelnder sozialer Zuwendung zugrunde gehen.
Viele Mangelzustände können wir eine ganze Zeit lang kompensieren, aber irgendwann, wenn der Mangel zu groß ist oder zu lang andauert, dann zeigen sich einfach die Auswirkungen.
Aber ganz selten passiert das aus dem blauen Himmel heraus.

WENN'S AUFLEUCHTET

Im Auto gibt's jede Menge Warnlämpchen und wehe, eins davon fängt an zu flackern. Da tät' kaum einer weiterfahren, denn an dem teuren Auto könnte ja was kaputtgehen. Lieber schnell schauen, was dem guten Stück fehlt: Hat es Ölmangel? Oder ist die Bremsflüssigkeit knapp?

WENN DER FEUERMELDER ANSCHLÄGT, HAST DU ZWEI MÖGLICHKEITEN: ENTWEDER DAS FEUER LÖSCHEN ODER DEN FEUERMELDER ZUDECKEN.

Der Laptop und das Smartphone blinken, wenn der Akku fast leer ist. Da reagieren sogar Teenager schnell. Um die Warnsignale vom Auto und von unseren Spielzeugen kümmern wir uns also sofort. Aber um unsere eigenen?

Jetzt sag nicht, dass unser Körper keine Warnsignale schickt. Das tut er nämlich, und zwar ganz schön deutlich. Geh mal die Checkliste durch: Hast du noch nie so was gespürt?

In Wahrheit weiß doch jeder, dass ihm was abgeht. Du schaust auf die Sanduhr deines Lebens und siehst zu, wie die Zeit verrinnt. Und fragst dich, ob das jetzt einfach so weitergeht.
Schau: Wenn du nicht so eine Ahnung von Mangel hättest, dann hättest du das Buch jetzt nicht in der Hand, oder? Und du brauchst nur eine gute Idee, wie du das ändern kannst.
Ich sehe so viele Leute, die nur am Jammern sind: über den Job, über ihr Gewicht, über ihre Beziehung oder ihr Single-Dasein. Und was ändert sich durch das Jammern? Na, nix ändert sich!
Und ganz viele sitzen da und hoffen irgendwie auf ein Wunder. Sie machen so weiter in ihrem Hamsterrad. Zwar haben sie oft eine Ahnung, eine Vision, wie sie ihr Leben gern umkrempeln würden. Aber wer es wirklich tut, der ist ja heute schon fast ein Außenseiter.

WARUM HOLEN WIR UNS NICHT, WAS WIR BRAUCHEN?

Dabei klingt es so einfach: Wenn alles da ist, warum holst du dir dann nicht, was fehlt? Was hält dich denn eigentlich ab, deinen Mangel zu beheben und deine leeren Akkus wieder aufzufüllen?
Eigentlich weißt du, was dir fehlt, aber in der Hektik des Alltags nimmst du dir nicht die Zeit, darüber nachzudenken, was das eigentlich für dich bedeutet. Und wie du es ändern kannst.
Du kennst auch gar keine Alternative. Weil die anderen um dich herum ja auch im selben Hamsterrad rennen und es nicht besser machen. Nur manchmal triffst du Menschen, die etwas anders sind, die ausgeglichener wirken, also tatsächlich mit weniger Mangel und weniger Überfluss, und du ahnst dann, dass es in deinem Leben auch anders laufen könnte. Wenn nur ... – und dann bist du schon wieder weiter und verdrängst den Gedanken.
Bei vielen von uns ist auch einfach das Schmerzensgeld zu hoch, das sie in einer guten beruflichen Position bekommen und das sie als

Kompensation für all den Mangel und die Folgen daraus betrachten. Aber glaub mir: Auch noch so viel Geld auf deinem Konto kann den Mangel nicht ausgleichen, der in dir drinsteckt.

Dabei ist es so einfach, was zu ändern. Und du schaffst das. Du hast jetzt in diesem Buch zu lesen begonnen und wir packen das zusammen an. Und dann kannst du demnächst auf die Frage, wie es dir geht, antworten: Super! Ich hab nicht nur alles. Mir fehlt auch nix mehr!

SCHMARRN 2:

Fett wirst du von zu viel fettem Essen

Kennst du jemanden, der sich wünscht, fett zu sein? Ich net. Weg mit den Kilos, das ist die Devise. Dafür lassen die Damen an ihrem Salat das Öl im Dressing weg. Und die Männer ernähren sich nur noch von Proteinshakes und fettfreien Powerriegeln. Und der Standardspruch, wenn jemand mir sagen will, dass er doch eh so auf seine Linie achtet, ist: „Ich esse morgens nur ein Semmerl ohne Butter zum Kaffee. Da spar ich Kalorien." Oder sie sagen sogar: „Ich kann morgens gar nicht frühstücken. Ich bekomme nichts hinunter."

„Aha", denke ich mir dann.

Und wer ist schuld an den überflüssigen Kilos? Ganz klar, das Fett im Essen. Fett macht fett – ist doch logisch, oder?

Wie wir letztens mal wieder zu meinem Hausberg, den Preber, gewandert sind, hat einer meiner Begleiter plötzlich nicht mehr weiterkönnen. Noch vor der zweiten Rast war er schon ziemlich k. o. Jetzt rate mal, was der gefrühstückt hatte: genau, so ein winziges Semmerl. Tja, von nix kommt halt nix. Gewundert hat es mich nicht, denn morgens ohne gescheites Frühstück aus dem Haus zu gehen ist, wie wenn du mit leerem Tank mit deinem Auto auf die Autobahn fährst.

Vielleicht denkst du jetzt: „Toni, ich muss doch normalerweise auch gar keine Bäume ausreißen. Ich sitz den ganzen Tag in meinem Büro, da brauch ich doch nix. Und abends ess ich ja was – möglichst was Gesundes, ohne Fett. Passt!" Passt eben nicht. Wenn du denkst und dich konzentrierst, was meinst, wie viel Energie dein Körper da verbraucht? Fast so viel wie bei Muskelarbeit!

Alle schimpfen auf das Fett. Und die Werbeindustrie trägt munter dazu bei, dass alle glauben: Wer wenig isst, wird nicht dick, und wer kein Fett isst, wird nicht fett.

Aber glaub mir: Des is a Schmarrn.

DU WIRST DICK, WENN DU NICHT ISST

Wenn die Leut sich so kasteien, sich das Frühstück verkneifen und es zum Mittag nur eine Semmel gibt. Und am Abend vielleicht noch eine Handvoll Salatblätter. Was passiert dann? Haben sie am Ende was von ihrem Verzicht? Werden sie dünner? Bekommen sie die perfekte Figur? Kann schon sein, dass am Anfang die Kilos purzeln und die Leute wieder in ihre Jeans reinpassen. Grad die Jüngeren. Bei denen funktioniert das noch, wenn sie mal ein Essen weglassen.
Und das ist ja auch ein gutes Gefühl: Sich mit schlanker Taille vor dem Spiegel hin und her drehen. Dann könntest du die ganze Welt umarmen, oder? Endlich wieder die Lieblingshose anziehen zu können. Endlich den Mini zu tragen, mit dem du schon so lang geliebäugelt hast.

JEDES MÜHSAM ABGEHUNGERTE KILO KOMMT WIEDER UND WAHRSCHEINLICH NICHT ALLEIN.

Aber leider bleibt es nicht so. Wenn ich Leute beobachte, die super abgenommen haben, dann passiert am Ende immer das Gleiche: Das Gewicht kommt wieder drauf. Und zwar nicht nur das, was vorher schon da war, sondern noch mehr!

In meiner Zeit als Personal Coach habe ich mal einen Versicherungsmakler trainiert. Junger Typ, so Anfang 30, ein bisschen übergewichtig, nicht sehr trainiert. Der war in seinem Job 150 Prozent gefordert. Und sein Körper musste da mitziehen. Also haben wir einen super Fitnessplan aufgestellt. Und dann erzählte er mir, dass er auch gleich noch seine Ernährung radikal umstellt, um nicht nur fit, sondern auch noch schlank zu werden. Klar, dachte ich, macht Sinn. Das Ganze schien super zu funktionieren. Der Mann hatte genial abgenommen und war auf dem Weg, echt Muskeln aufzubauen.
Klar war der stolz. Zu Recht. Auch seine Frau war so begeistert, wie sich ihr Mann da entwickelte, dass sie

gleich mitmachte. Ich war richtig happy mit dem Erfolg von den zweien. Irgendwann kam er dann nicht mehr. Und so haben wir uns eine Weile aus den Augen verloren.
Dann, zwei Jahre später, steht er im Fitnessstudio wieder vor mir. Und ich schau lang hin. Der Mann hat absolutes Rekordgewicht! Der Jo-Jo-Effekt hat so was von zugeschlagen.
„Was ist denn da passiert?", frag ich ihn. Er erzählt, wie er es irgendwann nicht mehr durchgehalten hat, den Verzicht und immer dieses Leben nach Ernährungsplan. Und so ist er zurückgefallen in alte Gewohnheiten, hat sich nicht mehr gut ernährt, sich immer weniger bewegt. Immer geplagt vom schlechten Gewissen.
Ich hatte mich in der Zwischenzeit intensiv mit dem Thema Ernährung beschäftigt. Jetzt war mir klar, warum der Plan von damals nicht aufgegangen war. Und warum es nicht ausreicht, dass er sich jetzt einfach wieder am Riemen reißt.
Ich leg ihm den Arm um die Schulter und sag zu ihm: „Hey, war nicht deine Schuld. Das konnte gar nicht klappen. Ich erklär's dir ..."

Klar, eine Zeit lang kannst du das durchhalten mit dem Verzicht. Du schaffst es, dich auf drei Mahlzeiten zu beschränken und um das böse Fett einen Bogen zu machen. Beim Anblick von Schoki kneifst du die Augen zu, am Kühlregal lässt du die Butter liegen und nimmst Margarine, auch wenn sie dir nicht schmeckt und sie in Wahrheit noch ungesünder ist.
Aber ich sag dir was: Irgendwann kommt der Punkt, da willst du endlich mal wieder Spaß haben. Da brauchst du das, dass du ein bisschen über die Stränge schlägst. Und, zack, hast du ein megaschlechtes Gewissen. Gleichzeitig denkst du: „Jetzt ist es auch schon wurscht", und fällst zurück in deine alten geliebten Gewohnheiten und schon hast du den schönsten Jo-Jo-Effekt beieinander.

VERZICHT MACHT NICHT SCHÖN.

Und nicht nur die Kilos kommen wieder: Der ganze Verzichtswahnsinn richtet noch ganz anderen Schaden an. Wenn ich Leute treffe, die sich runtergehungert haben, dann sehen die zwar dünn, aber irgendwie auch schwammig aus. Die werden nie knackig. Im Gegenteil: Die Haut ist ganz schlaff und dünn. Und Energie haben sie auch nicht mehr. Für gar nichts. Nicht für den Sport, nicht fürs Feiern, nicht für Sex. Manche kommen gar nicht mehr auf die Füße und gehen zum Doktor, um sich fit spritzen zu lassen. Oder sie kriegen auf einmal Allergien und so komische Beschwerden, die sie vorher nie hatten.
Wenn du deinen Körper unterversorgst, macht dich das auf lange Sicht nämlich sogar krank. Dem Immunsystem fehlen dann wichtige Vitamine und Mineralstoffe und du schnappst viel leichter die krank machenden Erreger auf, die im Büro oder in der U-Bahn herumschwirren. Am Ende legt dich sogar ein Schnupfen über Wochen lahm, weil du einfach nicht genug Kraft hast, um ihn zu besiegen.
Ganz schön brutal, was passieren kann, wenn du im guten Glauben das böse Fett weglässt.

47 RÄDCHEN

Kein Fett macht also fett und krank? Wie geht jetzt das?
Ein befreundeter Arzt hat mir das so erklärt: Der Stoffwechsel funktioniert wie ein Zahnradsystem aus 47 Rädern, großen und kleinen. Die greifen alle ineinander. Wenn auch nur eines dieser Rädchen langsamer läuft, dann fährt das ganze System das Tempo herunter. Selbst wenn alle anderen Rädchen auf Hochtouren laufen könnten: Die Geschwindigkeit vom Ganzen wird bestimmt vom schwächsten Glied.
Ob ein Rädchen wie geschmiert läuft oder nicht, das hängt davon ab, ob es zu 100 Prozent aufgefüllt ist. Denn die Zahnrädchen stehen für all die verschiedenen Vitamine, Enzyme, Mineralstoffe und so weiter.

Und nicht nur die Vitalstoffe sind Teil des Zahnradsystems, sondern auch Organe wie die Muskeln. Und – jetzt halt dich fest – auch Fett ist eines der Rädchen.
Jedes von den Rädchen kann nun entweder gut geschmiert sein und dann super funktionieren oder aber sich im Mangel befinden – und sich entsprechend langsamer drehen. Je langsamer sich das Räderwerk dreht, umso zäher laufen die Prozesse in deinem Körper ab. Und zwar alle: Egal ob du etwas aufbauen willst, zum Beispiel Muskeln, oder abbauen, zum Beispiel Fett – für jeden Vorgang brauchst du den Stoffwechsel.
Wenn du also gar kein Fett mehr isst, dann dreht sich dein Fetträdchen irgendwann nur noch mühsam und ganz langsam. Dein Stoffwechsel kann das, was du isst, nicht mehr abbauen. Es lagert sich also ab und macht dich – dreimal darfst jetzt raten – was? Genau, es macht dich fett.

WENN DIR FETT FEHLT, WIRST DU RICHTIG FETT.

Jetzt sagst du: Dann soll das Rädchen halt auf Depotfett laufen. Das täte das Rädchen ja auch gern, aber es kann nicht. Weil bei dir nämlich noch andere Rädchen im Mangel sind, zum Beispiel die von den Vitaminen und den anderen Vitalstoffen. Da, wo ein Stoffwechsel, der wie geschmiert läuft, ein echter Fettverbrennungsofen ist, kommt der runtergebremste Stoffwechsel gar nicht dran: Das Depotfett bleibt, wo es ist, nämlich an deinem Bauch oder deiner Hüfte.
Und noch einen Grund gibt's, warum du das Depotfett ohne Fett nicht loswirst: Fett macht dich nämlich satt. Die Leute, die auf Fett verzichten, fühlen sich immer hungrig und sind die ganze Zeit am Essen. Sie essen dann halt das, was ihnen als „Light"-Produkte verkauft wird. Grad in diesen Sachen ist oft extraviel Zucker oder Zuckerersatzstoff drin. Wenn du das isst, dann ist dein Blutzuckerspiegel ständig oben. Und dein Körper denkt dann nicht im Traum dran, dein wertvolles Depotfett anzuzapfen – das brauchst du ja für die schlechten Zeiten

noch, denkt er. Dass wir heutzutage die schlechten Zeiten, die unser Körper meint, glücklicherweise nicht mehr haben, weißt du – aber dein Körper ist da nicht drauf eingestellt.

„Früher konnte ich essen, was ich wollte, und nichts hat angeschlagen.“ Den Spruch höre ich oft und das wundert mich gar nicht. Alle denken, der Männerbauch, der sich ab einem bestimmten Alter ansetzt, kommt vom Bier. Oder vom Schweinsbraten. Aber – aufgemerkt, meine Damen – der kommt weder daher noch von der wachsenden Faulheit, sondern von wo ganz anders. Es ist der Stoffwechsel, der mit den Jahren in die Knie geht.

Wenn wir auf die Welt kommen, sind wir top ausgestattet: Alle Zahnrädchen zu 100 Prozent funktionsfähig, das System dreht sich, dass es eine wahre Freude ist. Doch mit den Jahren wird die „Füllung“ aufgebraucht. Je nachdem, was und wie viel wir nachgießen, geht der Füllungsstand runter. Davon merkst du ganz lange nichts, weil die Rädchen noch lange munter drehen.

Erst wenn das Rädchen zu weniger als 50 Prozent gefüllt ist, fängt es an zu haken. Das heißt, über die Jahre wächst die Gefahr, dass das ein oder andere Rädchen nicht mehr ausreichend gut läuft und deshalb ruckelt.

Deshalb kann das in jungen Jahren noch funktionieren, dass du abnimmst, indem du einfach mal nichts isst. Später klappt das nicht mehr. Und daher kommt auch, dass du ab einem gewissen Alter eher dazu neigst, Gewicht zuzulegen, Muskeln abzubauen, Energie zu verlieren, dich nicht mehr so konzentrieren zu können oder krank zu werden. Deine damit zusammenhängenden Depots haben sich geleert.

Das hat krasse Folgen, denn dein Stoffwechsel-Räderwerk ist nicht nur für deine Fettpolster zuständig. Auch deine Muskeln hängen davon ab. Sie sind ein Teil des Systems und gleichzeitig auf den Stoffwechsel angewiesen, was ihren Erhalt und Aufbau angeht. Wenn du also als Sportler meinst, du tust dir was Gutes, wenn du nach dem Training nix isst, dann bist du auf dem Holzweg: Gerade dann braucht dein Körper gutes Muskelfutter, um deine Muskeln aufzubauen. Und wenn er das nicht hat, macht er das Gegenteil: Er bedient sich bei deinen Muskeln. Da kann das ja nichts werden mit dem straffen Body.

OHNE FETT GIBT'S KEINE MUSKELN.

Aber ein lahmgelegter Stoffwechsel wirkt sich nicht nur auf deine Figur aus: Es geht auch an deine Gesundheit. Denn dein Darm und dein Immunsystem sind ebenfalls ganz eng mit deinem Stoffwechsel verzahnt.

Schauen wir als Erstes mal auf den Darm. Der ist das am meisten unterschätzte Organ in unserem Körper. In meinem Studium damals kam der Darm nur als Randthema vor. Dabei ist er mit das größte Organ, das wir haben ...

7 KILOMETER

So lang ist ein normaler Darm, wenn du ihn richtig auseinanderziehen würdest. Er ist nämlich aufgebaut wie eine Ziehharmonika: Er ist in viele, viele Falten, die Darmzotten, gelegt, damit er überhaupt in unseren Bauch passt. Allein wenn du jeden Tag die 7 Kilometer abgehen würdest, hättest du dein Fitnessprogramm schon erfüllt.

Dieser ganze lange Schlauch sollte innen wie eine Blumenwiese ausschauen, wo es grünt und blüht. Der Nahrungsregen, der immer wieder fällt, wird aufgesogen und in Wachstum verwandelt. Bei ganz vie-

len sieht es aber mehr nach ausgedorrter Steppe aus: ab und zu eine Lache, ein bisschen schmierig hier und da, sonst ist Ödnis. Wenn es dort regnet, entsteht sofort eine schleimige Schicht, die verhindert, dass die Nährstoffe aufgenommen werden. Selbst wenn der Mensch mit so einem Darmzustand sich gesund ernährt: Die Vitalstoffe dringen gar nicht mehr durch.
Das ist das Problem mit einem Darm, der – wie der Stoffwechsel – zu lange unter Dauerstress und mangelhafter Ernährung gelitten hat. Und dann wundern sich die Leute, wenn sie dauernd müde oder krank sind. Denn wo keine Energie mehr reingeht, ist auch keine Energie für Leistung da. Und weil das Immunsystem eng mit dem Darm zusammenhängt, leidet auch dieses ...

DEINE VERTEIDIGUNG

Stell dir deine Gesundheit wie ein Fußballspiel vor: Dein funktionierendes Immunsystem ist deine Verteidigung und die gegnerische Mannschaft schickt ihre Stürmer los: Das sind die freien Radikale. Die entstehen immer aufs Neue: beispielsweise wegen Stress, schlechter Ernährung, Überbelastung, Umweltbelastungen, Alkohol und Nikotin, sogar durch intensiven Sport. Das können also ganz schön viele werden.
Und deine Verteidigung? Wie viel hast du da zu bieten? Ist dein Immunsystem mit David Alaba, Jérôme Boateng und noch ein paar anderen Größen gut aufgestellt, weil dein Stoffwechsel gut funktioniert? Oder steht da ein einziger kleiner Dorfmannschaftsverteidiger zehn Real-Madrid-Stürmern gegenüber? Genau davon hängt deine Gesundheit ab.
Doch damit nicht genug: Sogar dein Denken hängt mit deinem Stoffwechsel zusammen. Unser Gehirn besteht zu 60 Prozent aus den fetthaltigen Nervenhüllen, die für die Übertragung von Impulsen eine Riesenrolle spielen. Wenn jetzt dein Fett-Rädchen immer schlechter

versorgt ist, bremst das deine Denkgeschwindigkeit runter und deine Konzentration geht flöten.
Deshalb sag ich, dass es der größte Schmarrn ist, das Fett zu verteufeln. Denn schau sie dir an, die, die richtig fit sind: Verzichten die auf Fett?

DICKE MÜSSEN MEHR ESSEN

„Schau, der ist aber arg dick. Der muss weniger essen." Das ist der Klassiker, wenn ich Leute über Fettleibige reden höre.
Ganz so einfach ist es aber nicht.

DICKE MENSCHEN ESSEN ZU WENIG, UM ABZUNEHMEN.

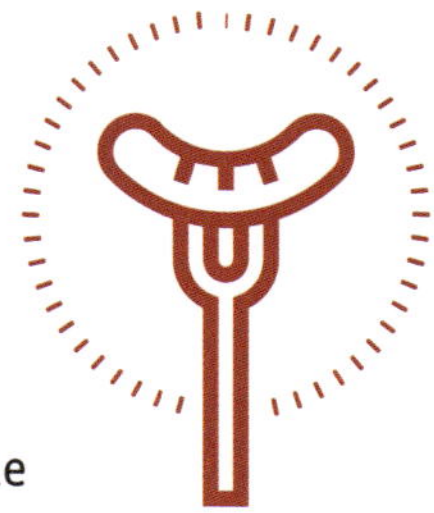

Wie schon gesagt, der Körper braucht Nährstoffe, um den Stoffwechsel gescheit anzutreiben. Das ist erwiesen! Und um Nährstoffe aufzunehmen, muss der Mensch nun mal essen.
Ich unterhalte mich gern mit älteren, schlanken Leuten, die gut drauf sind, wie sie das so machen. Da sprechen wir dann auch über ihre Essensgewohnheiten. Und was da rauskommt, ist interessant: Die Schlanken haben noch nie eine Diät gemacht. Die haben einfach mit Freude und vor allem regelmäßig gegessen, mal mehr, mal weniger. Aber nie nix oder nach Plan.
Ich sehe das auch immer wieder, zum Beispiel letztens im Hotel beim Frühstücksbuffet. Einen Tisch weiter sitzt eine ziemlich füllige Frau. Noch einen Tisch weiter eine Fußballmannschaft. Was glaubst du: Wer hat die Teller, wo das Rührei mit dem Speck über den Rand quillt? Genau, die Fußballmannschaft. Die elf Burschen fressen förmlich! Meine Sitznachbarin dagegen schiebt ihre dürre Scheibe Weißbrot unlustig von einer Seite des Tellers zur andern.

Und was ich auch beobachtet habe: Dicke Menschen haben seltener Hunger. Ich kenne das aus meinen Ernährungscoachings: Diese Leute sitzen da und brauchen einfach keine Pause. Bei den Seminaren für die Sportler hingegen krallen sich schon nach zwei Stunden nervös die Zehen ein. Ja mei, die Jungs haben halt Hunger! Der Motor läuft. Die verbrennen mehr. Der Stoffwechsel ist schneller.
Da muss ich immer ans Autofahren denken: Die Leute, die schnell abnehmen wollen, sagen: „Ich will schnell fahren." Gleichzeitig aber füllen sie Wasser in den Tank statt Benzin. Des haut net hin! Wie soll der Motor da fahren? Und wie soll dein Stoffwechsel funktionieren, wenn du einfach nichts isst?
An dem Spruch „Nur vom Hinschauen werde ich schon dick" ist also was dran. Weil Hinschauen deinen Stoffwechsel lahmlegt, während richtig essen ihn ankurbelt.
Aber aufpassen! Das heißt nicht, dass du dein Nutella-Weckerl wirklich mit Erdnussbutter toppen sollst.

FETT IST NICHT GLEICH FETT

Beim Fett, da musst du schon ein bisserl genauer hinschauen. Es gibt nämlich gute und schlechte Fette. Von den guten kannst du kaum genug essen. Bei den schlechten Fetten ist es schon richtig, dass du aufpasst, nicht zu viele davon zu erwischen.
Wie unterscheidest du aber die Fette? Was macht die guten Fette gut und die schlechten schlecht? Um's einfach zu machen: Gute Fette sind die, die aus ungesättigten Fettsäuren bestehen. Schlechte Fette sind die, die aus gesättigten Fettsäuren bestehen.
Die ungesättigten, also guten Fettsäuren sind die Bestandteile, die der Körper nicht selber herstellen kann, die er aber zum Aufbau von Körperzellen braucht. Ohne diese Fettsäuren ist Regeneration nicht möglich! Darum heißen sie auch „essenzielle", also lebensnotwendige Fettsäuren.

Diese „guten“ Fette haben viele Vorteile. Sie verbessern die Konzentration, vermindern die Gehirnalterung und senken das Demenzrisiko. Die Omega-3-Fettsäuren wirken positiv auf die Psyche und können auch bei ADHS unterstützend wirken. Außerdem senken sie Blutfettwerte und Blutdruck und tragen dazu bei, die Blutgefäße langfristig jung zu halten.

Die guten Fettsäuren findest du in fettem Fisch wie Lachs, Makrele oder Seelachs, in Nüssen aller Art, in Pflanzenölen wie Rapsöl, Olivenöl, Sojaöl, Leinöl – und in fetthaltigen Früchten wie Oliven oder Avocado.

Klingt ganz einfach, nämlich dass du deinen Fetthaushalt im Griff hast, wenn du nur noch Fisch- und Pflanzenöl zu dir nimmst. Ganz so ist es nicht: Es gibt nämlich auch gute tierische Fette und schlechte Pflanzenfette!

Das Fleisch von Tieren aus freier Wildbahn ist super. Reh- oder Hirschfleisch enthält viele ungesättigte Fettsäuren. Problematisch sind die tierischen Fette wie Butter oder Schmalz und Fette, die aus rotem Fleisch und Milchprodukten stammen. In denen stecken nämlich viele gesättigte Fettsäuren.

Im Gegensatz zu den ungesättigten stellt der Körper die gesättigten Fettsäuren selber her. Darum braucht er nicht so viel Zufuhr von außen. Wenn er über eine längere Zeit hinweg mehr Energie aus gesättigten Fettsäuren aufnimmt, als er braucht, kann er sie nicht verbrennen und speichert sie im Fettgewebe. So lagert sich Schicht um Schicht an Bauch, Po und Hüften an, die Blutfettwerte steigen, der Blutdruck steigt, die Gefahr von Herz-Kreislauf-Erkrankungen nimmt zu und die Darmhärchen, die so wichtig sind für die Ausschüttung von Hormonen, verkleben!

Die Killerfette schlechthin sind die sogenannten Transfettsäuren – eine Untergruppe der gesättigten Fettsäuren. Die findest du in industriell hergestellten Lebensmitteln, auch wenn das so nicht auf der Verpackung steht. Die Transfettsäuren heißen in der Zutatenliste

„gehärtete Pflanzenfette". Klingt erst mal gut und natürlich – und ist trotzdem das unnatürlichste Fett, das es gibt.
Gehärtetes Pflanzenöl entsteht nämlich durch ein industrielles Verfahren, bei dem flüssigem Pflanzenöl Wasserstoff zugesetzt wird. Dabei entsteht ein festes, weißes Backfett. Dieses Fett nehmen die Hersteller von Lebensmitteln, weil es einen guten Geschmack gibt, nicht ranzig wird und die Haltbarkeit verlängert. Die Lebensmittel fühlen sich damit auch weniger fett an als mit guten Fetten. Chips, Kekse, Donuts, Kuchen, Margarine: All solche Lebensmittel sind voller Transfettsäuren.

FETT MACHT (NUR) FETT, WENN ES DAS FALSCHE IST.

Als diese Fette zu Beginn des 20. Jahrhunderts erstmals hergestellt wurden, hieß es noch, die seien billig und gesund. Aber seit den 1980er-Jahren kommen laufend neue Studien heraus, die zeigen, was Transfette im Körper anrichten: Sie führen zu Fettleibigkeit, Herz-Kreislauf-Erkrankungen, Typ-2-Diabetes.
Was ich dir damit sagen will? Ich will dir sagen, dass Fett lebensnotwendig ist. Gleichzeitig will ich dir sagen, dass nicht jedes Fett gut ist. Das gute Fett brauchst du regelmäßig in ausreichenden Mengen. Sonst funktioniert dein Stoffwechsel nicht und du wirst fett. Davon kannst du also fast nicht genug erwischen. Wenn du aber mehr gesättigte Fettsäuren isst, als dein Körper braucht, wächst du in die Breite, klar.
Ich kenne jede Menge Jungs, die sich ganz viel Gedanken um das richtige Öl für ihr Auto machen. Doch nicht einen Bruchteil von den Gedanken machen sie sich um ihre 70 Billionen Körperzellen. Dabei funktioniert jede Zelle wie ein Automotor: je schlechter das Öl, desto schlechter die Leistung.
Mein Tipp: Mal über 'nen Ölwechsel nachdenken!

SCHMARRN 3:
Treibe immer mehr Sport und du wirst immer gesünder

Sport ist einfach gut. Stimmt schon, oder? Das steht ja auch in jedem Krankenkassenblattl: Sport hält schlank, fit und gesund. Wenn du Sport machst, ist das der Freifahrtschein für ein langes, glückliches Leben. Deswegen kriegst du Bonuspunkterl für jedes brav absolvierte Sportprogramm.
Und wenn was gut ist, dann ist mehr davon erst recht gut. Alle denken: „Wenn ich richtig viel Sport treib, gehen meine Vitalwerte wie eine Rakete durch die Decke. Wenn ich jeden Tag Fitnesstraining machen tät für den straffen Body und Radeln für die Kondition, dann würde es mir ja nur noch gut gehen. Und wenn ich noch eine Stunde Yoga zum Entspannen reinkriegen tät, wär's perfekt."
Ich hab einen Kollegen, der macht das so: jeden Tag Sport, und zwar richtig. J-e-d-e-n Tag geht der in die Vollen. Vor der Arbeit joggt er quer durch die Stadt und zurück. Dazu jeden zweiten Tag zum Pumpen ins Fitnessstudio. Und zwischendurch zweimal die Woche zum Karate. Der hat einen richtig festen Plan, den er superdiszipliniert durchzieht.
Ganz ehrlich, ich könnt das nicht. Da ist doch jede freie Sekunde weggeplant. Wenn ich ihn mal spontan auf einen Kaffee treffen will, hör ich nur: „Sorry, keine Zeit. Du, ich würde wirklich gern. Aber ich muss trainieren." Der setzt sich tatsächlich freiwillig in die Einzelzelle mit seinem Sport.
Klingt das für dich noch nach Gaudi? Oder eher nach Stress?

KEINER WILL LETZTER WERDEN

Gaudi hast du, wenn du etwas gern machst. Wenn's um eine Gaudi geht, musst du es nicht machen, dann willst du es machen. Nur: Wie läuft das ab, wenn du dich heute im Fitnessstudio anmeldest? Du gehst beim ersten Termin mit den Trainern die Geräte durch und die machen dir dann einen Plan – nach bestem Wissen und Gewissen und nach den neusten wissenschaftlichen Erkenntnissen: Montag Oberkörper, Mittwoch Beine, Freitag Ganzkörpertraining. Super!

Es gibt nur ein kleines Problem: So ein Plan funktioniert bei Leistungssportlern, die ein ganz bestimmtes Leistungsziel haben, zum Beispiel einen Marathon in bestimmter Bestzeit zu laufen. Aber ist das dein Ziel? Wahrscheinlich nicht.

Jetzt stehst du da mit dem Plan in der Hand und versuchst, den einzuhalten. Obwohl du – anders als der Leistungssportler – auch noch ein bisschen was anderes zu tun hast: Job, Familie, Freunde. Du probierst das die erste Woche und vielleicht noch die zweite, weil du denkst: Wenn du es nicht schaffst, diesen Plan eins zu eins umzusetzen, wirst du auch nicht fit. Du stresst dich mit viel Mühe – und ohne Spaß. Und hast ein schlechtes Gewissen, weil du spätestens in der dritten Woche nicht mehr nachkommst.

Dabei liegt das nur daran, dass der Plan nicht zu deinem Leben und deinem Ziel passt. Das hat nicht nur der Trainer, sondern das hast auch du übersehen.

Weißt du, die Trainer meinen das nicht böse. Sie haben nur ehrgeizige Ziele für dich im Auge. Weil sie wissen, dass wir alle uns ständig vergleichen und jeder gern der Beste sein möchte.

Das gilt nicht nur im Fitnessstudio: Schau mal in die Zeitung. Was liest du da von den Zweitbesten? Wer ist Fußball-Weltmeister geworden? Frankreich, klar! Wer Zweiter? Da musst du schon nachdenken, oder? Österreich und Deutschland waren's jedenfalls nicht … In der Öffentlichkeit zählt nur der Beste. Der zweite Platz ist auch nett, klar. Aber für den schämt man sich ein bisschen. Von denen weiter hinten ganz zu schweigen.

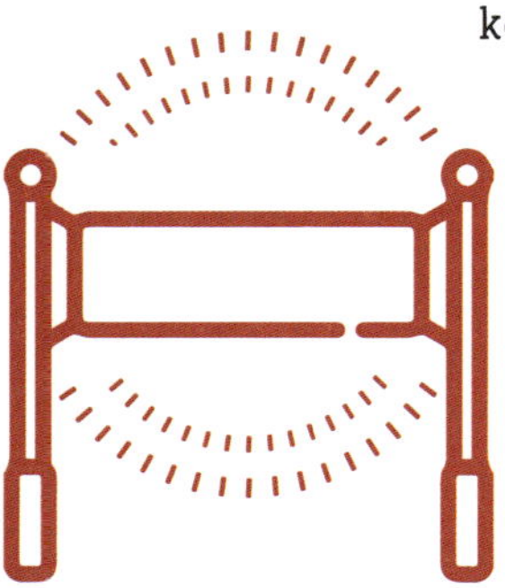

SIEGER SEIN ZU WOLLEN, DAS STECKT TIEF IN UNS DRIN.

Hey, ich gräme mich heute noch, wenn ich beim Mensch-ärger-dich-nicht verliere. Sieger sein zu wollen, das steckt tief in uns drin: Im Beruf, in der Liebe und im Sport sowieso wollen wir glänzen als die Besten. Das siehst du morgens an den Ampeln: überall diese kleinen Wettrennen, der Blick zum Auto daneben und dann Fuß aufs Gas, sobald es grün wird. Bringt gar nix, aber keiner will Letzter werden. Der Werbespruch aus dem Sportstore bringt das auf den Punkt: „Forever faster."
Na ja, jedenfalls sind sich alle sicher: Viel Sport hilft viel.
Ich sag dir was: Sport so anzugehen ist Unsinn, und zwar im Quadrat!

ERST MAL RUNTERKOMMEN

Ich flieg schon lange jedes Jahr ins Trainingslager auf Lanzarote.
Früher habe ich in den Tagen und Wochen vorm Abflug immer vorgebuckelt wie blöd. Zwei, drei Nachtschichten eingelegt. Und dann: endlich Urlaub, aber schnell. „Juchhu", habe ich gedacht. „Der Abflug ist schon um sechs Uhr morgens: Da kann ich ja den ersten Tag noch voll nutzen und mein Sportprogramm starten."
Kaum angekommen, habe ich mein Radl zusammengebaut und die ersten Kilometer runtergehobelt. Hinsetzen und Espresso schlürfen – naa, dafür bin ich ja nicht hergekommen. Auspowern war angesagt. Vollgas geben. Niederreißen, was ich sonst nicht geschafft habe. Ich dachte mir: „Im Alltag fehlt mir ja die Zeit dazu. So mache ich mich einmal im Jahr richtig fit – und ganz nebenbei purzeln auch die paar überflüssigen zwei bis drei Kilos."
Das hat in den ersten zwei, drei Jahren gut funktioniert. Aber dann ist es immer öfter vorgekommen, dass ich mich ab dem zweiten Tag schon angeschlagen fühlte. Und spätestens ab dem vierten Trainingstag habe ich mich nur noch total lätschert zum Frühstück geschleppt. Und der Speck

ist auch nicht mehr so leicht weggegangen, obwohl ich beim Essen gespart hab.
In meinem Sportwahn hab ich nicht gemerkt, dass mein Körper und mein Immunsystem noch voll im Stressmodus waren. Die haben von der Erholung auf Lanzarote gar nix mitbekommen. Im Gegenteil, die waren nur noch am Ende – und haben mir das retourgezahlt. Und weil mein Stoffwechsel mit den Jahren auch ein bisserl träger geworden ist, hat es auch mit dem Abnehmen nicht mehr so funktioniert. Erst recht nicht mit weniger Benzin bei Vollgas.
Heute flieg ich immer noch einmal im Jahr nach Lanzarote: auch noch zum Sporteln, aber hauptsächlich zum Erholen. Denn zwei Dinge hab ich gelernt: Ich nehm mir mehr Zeit, auch für die Regeneration. Und essen tu ich so richtig gut. Und so komm ich aus dem Trainingslager echt fitter wieder, auch wenn ich weniger mach.

Ich geb dir einen Tipp für dein nächstes Urlaubsprogramm. Am ersten Tag nur: akklimatisieren, runterkommen, spazieren gehen, Umgebung anschauen. Und ganz wichtig: gut essen. Und dann lass gut sein! So hast du am nächsten Tag auch wirklich Energie.
Freilich, wenn du Sporturlaube leiden magst, kannst du dich ruhig austoben! Aber erst ab dem zweiten Tag und auch dann nur, wenn du dich wirklich fit fühlst. Wenn dein Körper gut ernährt ist und du

vorher runtergekommen bist. Dann ist dein Tank gefüllt, dann kannst du Vollgas geben!

IN DER RUHE BAUT SICH DIE KRAFT AUF

Was glaubst du, wann sich dein Muskel aufbaut? Während du schnaufend die Gewichte stemmst? Beim Liegestütz oder beim Radfahren? Denkst du, dass du stärker wirst beim Training? Das kannst du vergessen!
Die Baustoffe, die kriegt dein Muskel nicht, wenn er richtig ranmuss, sondern erst danach, wenn er ausruht, in der Regeneration.
Sportler nennen das „Superkompensation“. Das heißt: Während der Erholung werden die ausgeschöpften Energiereserven nicht nur aufgefüllt. In der Phase baut dein Körper zusätzliche Energiepozentiale auf! Damit betreibt dein Körper also eine Art Vorratswirtschaft. Er bereitet sich darauf vor, zukünftig noch mehr zu leisten. Super, oder?
Es bringt also überhaupt nichts, wenn du fünfmal am Stück Ganzkörpertraining einschiebst und dir zwischendrin nicht genug Zeit zum Regenerieren nimmst. Dann kommst du zwar sauber ins Schwitzen, aber Muskeln baust du nicht auf. Das ist doch schad, oder? Schließlich willst du ja mit dem Sport auch einen guten Body hinkriegen.

LEG RUHIG MAL DIE FÜẞE HOCH.

Also, auch wenn es sich vielleicht ein bisserl komisch anfühlt: Leg zwischendrin ruhig mal die Füße hoch.
Und noch etwas passiert, wenn du auf die Pausen beim Sport verzichtest: Nicht nur, dass du keine Muskeln aufbaust, du setzt sogar deine wichtigste Verteidigung aufs Spiel: dein Immunsystem. Wenn du nur noch Gewichte stemmst und eine Runde nach der anderen herunterreißt, setzt du deinen Körper unter Stress. Damit kommen die freien Radikale auf den Plan. Die stürmen dann in Massen auf dein

Immunsystem ein. Das muss ganz schön kämpfen, um die Angreifer abzuwehren. Dabei verliert es wertvolle Energie, die es nachher in der U-Bahn gut brauchen könnte, wenn die Grippewelle wieder voll zuschlägt und alle dich anhusten und anniesen.
Besser, du gehst es entspannt an. Gibst beim Training ordentlich Gas und machst am nächsten Tag einfach mal nix. Gehst vielleicht ein bisserl spazieren, trinkst gemütlich einen Smoothie irgendwo. Damit tust du deinem Körper was Gutes und der Spaß kommt nicht zu kurz. Und den braucht's in jedem Fall, damit du gesund bleibst!

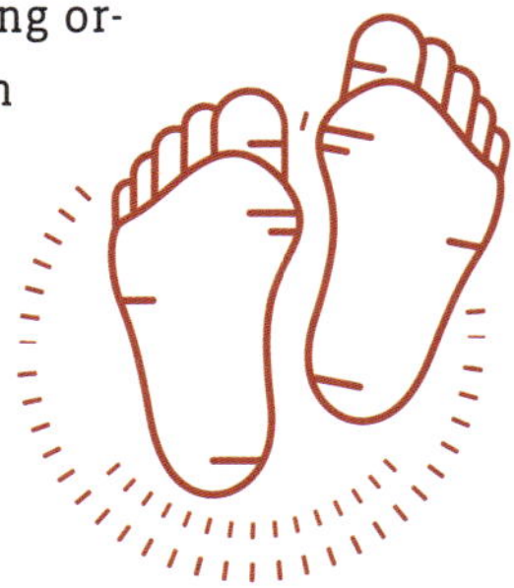

FÜLL DEINE SPEICHER WIEDER AUF

Der Tag im Büro war hart, Ruhe hast keine gehabt und ein gescheites Essen auch nicht – keine Zeit. Kaum kommst du heim, ziehst du dich sofort um und gehst schnurstracks eine Runde powermäßig zum Laufen. „Vorbildlich, wie ich das mache", denkst du. Und dann wunderst du dich, warum dir die Runde dieses Mal so verdammt schwerfällt.
Ist doch logisch, dass da nichts läuft. Dein Körper hat ja nichts, woraus er Kraft schöpfen kann. Alle Speicher sind leer.
Immer wieder erzählen mir die Leut, dass sie nix essen vorm Sport, weil das so ungesund ist. So ein Schmarrn! Klar, vollhauen sollst du dich nicht, sodass du kaum noch Luft kriegst. Aber dein Körper muss aufgefüllt sein, damit er was leisten kann.
Und gib ihm auch nach dem Sport, was er braucht. Wenn du die richtig guten Sportler anschaust nach dem Training: Die hauen richtig rein. Und das ist auch gut so. Wenn du deinen Körper forderst, dann braucht er etwas zurück. Füll deine Speicher wieder auf, mit reichlich Vitaminen und viel Eiweiß. Nur dann kann dein Körper auch beim nächsten Mal wieder Vollgas geben.

Damit kommst du nicht nur beim Training besser voran, sondern machst auch dein Immunsystem stark. Das kannst du übrigens nicht nur nach dem Sport brauchen: Auch wenn du intensiv gefeiert hast, ist dein Immunsystem hinterher im Stress. Es muss die ganzen freien Radikale, die jetzt in deinem Körper Sturm laufen, niederringen. Damit die dir nicht schaden können. Das heißt, deine Abwehrmannschaft muss extrem gut aufgestellt sein. Und das ist sie nur, wenn du sie entsprechend aufbaust. Und womit? Na logisch, mit richtig gutem Essen.

IST DEIN SPEICHER AUFNAHMEBEREIT?

Damit die Vitalstoffe überhaupt wirken können, brauchst du allerdings einen fitten Darm. Ich kenne so viele Leute, die sagen, dass sie am Abend oft einfach zu müde sind für Sport. Und das liegt fast immer daran, dass ihr Darm nicht mehr fit ist und die Darmflora nicht im Gleichgewicht. Dann kann der nämlich nichts mehr vernünftig aufnehmen, die Energie, die du reinschaufelst, rauscht unverdaut einfach durch.

Kein Wunder, dass der Akku dann leer ist. Du kannst das leicht ändern, doch du musst erst mal wissen, warum nix geht. So wie meine Mutter: Als ich ihr ihr erstes Smartphone geschenkt hab, hat sie mich drei Tage später über das Festnetz angerufen und gesagt, dass das Gerät kaputt ist. Dabei hat sie nur nicht ans Aufladen gedacht ...

Wenn dein Akku so leer ist, hilft nur eins: ein Großputz im Darm. Ich meine damit nicht so eine krass aggressive Reinigung zum Beispiel mit Salzen, wie sie manche empfehlen. Das geht auch viel sanfter und wirkungsvoller mit basischen Mitteln. Ich schwöre bei dieser Darmaktivierung auf Kräuter: Sie sind wunderbar basisch, enthalten viele Bitterstoffe und so wird der ganze Mist, der sich angesammelt hat, rausgespült.

IMMER SCHÖN LOCKER BLEIBEN

Wenn ich mich so umschaue, seh ich viele Leut, die sich beim Freizeitsport systematisch kontrollieren. Da wird alles vermessen: Einheit, Schrittlänge, Herzfrequenz. Jeden Tag wird die Zeit gestoppt, der größte Spaß ist eine neue Bestzeit. Solche Leute schauen stur auf den Trainingsplan, aufs Tagesziel. Da darf nix dazwischenfunken, weder die Freunde noch der eigene Körper. Wenn der nach einem superstressigen Tag sagt: „Früh ins Bett gehen, das wär schön!“, dann faucht der Trainingsplan, der an der Kühlschranktür hängt, zurück: „Geht nicht, du hast noch eine Laufeinheit zu machen. Sag jetzt nicht, du bist zu faul dafür.“

VIELE SPORTLER SIND UNGLÜCKLICH. WEIL DER SPORT SIE NICHT GLÜCKLICH MACHT.

Ich sag dir was: Viele Sportler sind unglücklich. Weil der Sport sie nicht glücklich macht. Sport bedeutet für sie nur streben, streben, streben. Hast du mal gesehen, wie so einer beim Marathon über die Ziellinie sprintet? Sein Blick geht nicht zum jubelnden Publikum. Es geht auf den Fitness-Tracker am Handgelenk. Seine Hände schwingen nicht jauchzend in die Luft, sondern sie sinken enttäuscht herunter. Er denkt: „Mist, eine Minute langsamer als letztes Jahr.“ Dem bricht die Welt zusammen, weil 3.000 Läufer schneller waren. Die 20.000, die er überholt hat, registriert er gar nicht.

Aber jetzt mal ohne Schmarrn: Wer hat denn wirklich den Zwang, im Sport der Beste sein zu müssen? Doch nur der, der damit sein Geld verdient! Alle anderen nicht. Die können sich fragen, was ihnen wirklich wichtig ist im Leben. Was ihnen das bringt, der Beste zu sein. Und was es sie kostet.

Das, was ich gelernt habe in den vielen Jahren, in denen ich Bewegung für mich und andere zum Credo erhoben habe, ist: Nehmt den Sport nicht zu ernst! Geht's raus und habt's Spaß! Das ist es, was Sport ausmacht und warum Sport gut für euch ist.

Ein Freund hat mir mal erzählt: „Gestern im Park ist mir eine superfesche Frau entgegengekommen. Und die hat mir auch ein Auge zugeworfen." Ich darauf: „Ja und? Hast du sie angesprochen?" Er stolz: „Naa, ich konnt doch nicht stehen bleiben: Ich war noch nicht fertig mit meiner Runde. Ich bin in einem Affenzahn an ihr vorbeigelaufen. Ich glaub, da hat sie gestaunt, wie fit ich bin!" Und was ist dann passiert? Nix natürlich, weil er sie nie wieder gesehen hat. Moment verpasst. Merkst selber, wie deppert das ist, oder?

Weißt du, wie hoch die Scheidungsrate bei Ausdauersportlern ist? Ziemlich hoch. Klar, die haben einfach keine Zeit für ihre Partner, die müssen ja dauernd trainieren. Und nach dem Training sind sie total ausgepowert – da geht nix mehr. Und die, die ihre Ausdauer auf dem Radl suchen, haben es noch schwerer: Wer sich jemals schon mal einen Wolf geradelt hat, der weiß, dass nach so einem Tag die Liebhaberqualitäten zu wünschen übrig lassen.

Deshalb rat ich dir: Richte deinen Sport nicht an Herzfrequenzen und Stundenkilometern aus. Das stresst nur. Und Stress und Leistungsdruck hast du bestimmt schon genug im Leben, da brauchst du das im Sport nicht auch noch!

Nur wenn du Spaß hast, macht dich der Sport gesund. Und nur dann funktioniert das auch dauerhaft mit deinem Sport! Dann kannst du deinen Trainingsplan vom Kühlschrank abhängen und deinen Pulsmesser mal daheim lassen. Und weißt du, was du machen kannst, wenn du einen stressigen Tag gehabt hast? Geh einfach mal nur spazieren.

Freu dich drauf, dass du Sport machen darfst, und spar dir, dass du Sport machen musst. Bleib locker und mach dir keinen Stress!

LEBEN VOR PLAN

Kennst du das? Montagabend. Du hast einen heftigen Tag im Büro gehabt, aber die Präsentation ist super gelaufen, der Chef hat dir auf die Schulter geklopft. Du bist stolz auf dich und saugut drauf. Auf der Heimfahrt drehst du deine Lieblingsmusik bis zum Anschlag auf und freust dich narrisch, gleich noch eine Runde im Park zu laufen. Heut ist dein Running-Tag. Du hast Energie hoch zehn.
Und dann kommt's: Kurz bevor du daheim ankommst, ruft deine Frau an. Dein Sohn ist noch bei einem Freund und muss da abgeholt werden. Sein Radl ist gestohlen worden, na super! Grad jetzt, wo der Feierabendverkehr auf dem Höhepunkt ist! Du holst deinen Sohn also ab und kommst mit 90 Minuten Verspätung zu Hause an. Inzwischen ist es dunkel und zu spät, um noch zu laufen. Dein fester sportlicher Termin mit dir selber fällt zum dritten Mal in Folge flach.
Jetzt fragst du dich frustriert: „Wie soll ich den Spaß am Sport behalten, wenn meinem Plan allerweil was dazwischenkommt? Das geht doch gar nicht!" Und ich sag dir: „Doch, das geht!" Aber nicht, indem du versuchst, dein Leben einem starren Plan anzupassen. Das geht tatsächlich nicht – zumindest wenn du ein lebendiges Leben führst, wo halt immer was passiert. So wie das Leben eben ist.
In einem lebendigen Leben gibt es andere Dinge, die genauso wichtig sind wie Sport. Oder wichtiger. Die werden dir immer wieder dazwischenfunken. Das ist so sicher wie das Amen in der Kirche. Je komplexer dein Leben ist, je mehr du unter einen Hut bringen musst, desto eher gilt der Satz: „Was schiefgehen kann, wird schiefgehen." Das nennt man Murphys Law. Du kannst entweder damit hadern und ewig unzufrieden sein oder du kannst akzeptieren, dass das so ist. Und eine andere Lösung suchen.
Und die Lösung ist einfach: Versuch erst gar nicht, Sport nach starren Plänen zu treiben. Nutz die Lücken, die sich in deinem lebendigen Leben auftun – und die Lücken gibt es in jedem noch so dicht getakteten Leben.

VERSUCH ERST GAR NICHT, SPORT NACH STARREN PLÄNEN ZU TREIBEN.

Ich hab kürzlich mit einer Frau gesprochen, die war überzeugt, dass sie echt gar keine Zeit für Sport hat. Sie ist mit Beruf und Kindern so eingespannt, da geht einfach nix. Dann sind wir ihre Woche mal durchgegangen und siehe da: An zwei Tagen bringt sie ihre zwei Kinder ins Fußballtraining und wartet am Rand vom Platz mit den anderen Müttern, bis das Training vorbei ist. Wie wir so am Reden waren, ist sie selber auf die Idee gekommen: In der Trainingszeit könnte sie ja mit ein paar anderen Müttern walken. Und genau so macht sie es heute. Und wenn mal was dazwischenkommt? Mei, dann ist das halt so. Da macht sie sich keinen Stress.

Ich selber mach mir auch keinen Stress mehr mit Sport. Obwohl oder grad weil ich ihn so mag. Wenn es passt, verabrede ich mich zum Sport mit einem Spezl. Raus aus der Einzelzelle. Zu zweit gibt's immer mehr Gaudi. Mit dem einen Spezl geht Sport eigentlich gar nicht, weil wir – wenn wir uns treffen – gar nicht richtig zum Laufen kommen. Das ist so ein witziger Typ, dass ich am nächsten Morgen keinen Muskelkater in den Beinen, sondern im Bauch hab vom Lachen. Für meine Laufkondition ist das nicht gut, aber für meinen Spaß umso mehr. Und deshalb bin ich überzeugt: Gute Partner sind beim Sporteln wichtiger als jeder Trainingsplan.

Pläne sind aber nicht nur schlecht: Sie sind sogar wichtig, wenn du eine neue Sportart anfängst. Da helfen sie, ein Fundament aufzubauen. Wenn du noch nie auf einem Snowboard gestanden bist, ist es gescheiter, du übst erst mal regelmäßig, am Anfang am besten mit einem Coach, bis du sicher darauf stehen kannst. Aber danach geht es nicht mehr so genau. Sicher, wenn dir Pläne gefallen, dann zieh das ruhig durch. Hauptsache, du hast Spaß dabei. Aber wenn du merkst, dass du nur

hingehst, weil das heute auf deiner Agenda steht, dann denk drüber nach, ob es das wirklich bringt. Denn wenn du eigentlich keine Lust hast, ziehst du die Übungen nicht so intensiv durch. Schaffst weniger Wiederholungen, hörst wahrscheinlich auf, bevor du den Trainingsplan ganz geschafft hast. Ohne Spaß hältst du einfach nicht durch.

Am besten ist es immer, wenn du ganz neu mit einem Training anfängst. Da bist du noch motiviert bis in die Haarspitzen. Alles ist neu und aufregend. Da sitzt du stolz in deinen neuen Sneakern und dem frischen Tanktop am Gerät und schwitzt dich froh. Du weißt, dass es sich auszahlt, wenn du ordentlich reinhaust. Wenn du da mit der Übung fertig bist, hast du so eine glückliche Zufriedenheit in dir. Kennst du das? Kurz verschnaufen und weiter geht's. So trainierst du, wenn du wirklich Bock hast. Das ist ideal! Das bringt dich voran.

Denk daran, wenn du das nächste Mal sportelst. Und schau, dass du dir die Begeisterung wieder zurückholst.

MIX IT, BABY

Du magst Soulmusik? Ich auch. Und willst du die den ganzen Tag hören? 24 Stunden? Sieben Tag die Woche? Also ich nicht. Ich hab spätestens nach ein paar Stunden keine Freude mehr daran. Im Gegenteil. Dann geht sie mir voll auf die Nerven. Ich will zwischendrin mal andere Musik hören. Oder vielleicht ein Hörbuch. Oder auch mal gar nix.

Und beim Sport ist es nicht anders: Es braucht Abwechslung, damit du weiter Spaß daran hast. Vielleicht magst du an diesem Wochenende viel Radfahren und strampelst dabei richtig Kilometer runter. Super. Und unter der Woche? Da legst du am besten einen anderen Gang ein. Ein kurzes, knackiges Krafttraining ist gut. Mit richtig Vollgas. Und am Wochenende drauf machst nur einen superlangen Spaziergang zu zweit. Das tut nicht nur deiner Beziehung gut, son-

dern hilft auch deinem Körper. Der braucht nämlich einen guten Mix: heute Sprint und Vollgas. Morgen Ausdauertraining und übermorgen eine lange gemütliche Bewegungseinheit. Diese Vielseitigkeit in der Bewegung braucht es, damit dein Körper rundherum auf seine Kosten kommt.

Gerade wenn du schon älter bist, tut dir neben der Ausdauer auch das Muskeltraining gut, weil deine Muskeln sich tendenziell abbauen, wenn du nicht genug tust. Also: Ruhig immer mal wieder auch eine Einheit Krafttraining einschieben, so ein- bis zweimal die Woche. Oder kurz und knackige Programme absolvieren – das geht schnell und ist effektiv.

VOM LAUFEN ALLEIN GEHT DER BAUCH NICHT WEG.

Die Vielseitigkeit tut dir nicht nur physisch, sondern auch optisch gut: Nur vom Laufen allein geht der Bauch nämlich nicht weg. Da braucht es zusätzlich ein handfestes Muskeltraining. Sollen deine Oberarme auch vorzeigbar werden? Dann kannst du dich wochenlang aufs Rad setzen, das hilft nix.

Nicht nur dein Körper profitiert von Abwechslung: Dir bleibt auch der Spaß. Ich kenne keinen einzigen Menschen, der von Tag zu Tag gleich gern aufs Rad steigt – auch die von der Tour de France nicht, das ist deren Job wie bei dir im Büro. Wenn du immer das Gleiche machst, wirst du müde und verlierst die Lust. Dann hörst vielleicht ganz auf mit dem Sport. Und das wär doch echt blöd, oder?

SCHMARRN 4:
Klamotten, Fitnessstudios und Diäten machen uns attraktiv

An jeder Ecke hängen bei uns die Plakate, die dir sagen: „Du brauchst nur einen coolen Body und schicke Klamotten, dann fliegt ein jeder auf dich." Aber: Glaubst du das wirklich?
Ich sag dir was: Das ist ein solcher Schmarrn. Und ich sag dir auch warum ...

DAS GUCCI-HANDTASCHERL

Keine Frage: Neue Klamotten können extreme Freude machen. Kürzlich hat mich eine Firma angesprochen, die stellt die Unterwäschekollektion von Cristiano Ronaldo her, dem vielleicht besten Fußballer der Welt. Die haben mir ein paar Exemplare geschickt, damit ich sie mir mal anschaue. Da waren auch Kinderunterhosen dabei. Ich habe in der Nachbarschaft eine Familie mit drei Jungs, die sind Riesenfußballfans. Denen habe ich jedem eine von den Unterhosen geschenkt. Die haben die Freude ihres Lebens gehabt an der Ronaldo-Unterhose. Und auch mir geht es so: Ich freue mich wie ein Kind, wenn ich wieder mal ein cooles Polo finde. Ehrlich, ich steh auf Shoppen. Aber ich suche mir eher das Gewand, das mir richtig Spaß macht zu tragen, und nicht das, was gerade so in Mode ist. Du musst schon schauen, dass der Modetrend, der gerade in ist, auch wirklich zu dir und deiner Ausstrahlung passt. Sonst lass ihn lieber am Bügel hängen.
Viele Leute schnüren sich in viel zu enge Jeans, weil die gerade aktuell sind. Sie können fast nicht atmen vor lauter Baucheinziehen und gehen dann stocksteif wie ein Zombie zu ihrem Date – das funktioniert einfach nicht. Oder die, die bei 40 Grad im Schatten wie Sardinen in ihrem Anzug schmoren. Das macht definitiv nicht attraktiv. Das sollten auch die ganzen Versicherungsfirmen mal merken, dass sie ihre

Makler nicht in so was zwingen sollten. Es wirkt viel lockerer, wenn du was anziehst, was dir taugt. Nur dann wirst du deinem Gegenüber spiegeln, dass du dich wohlfühlst und dass auch er sich wohlfühlen kann.

ES WIRKT VIEL LOCKERER, WENN DU WAS ANZIEHST, WAS DIR TAUGT.

Oder die Mädels, die mit dem Gucci-Handtascherl durch die Gegend laufen. Die meinen, nur das Tascherl spricht die Leute an. Dabei ist der Mensch dahinter das viel Wichtigere.

Wenn ich was Schönes habe, dann mag ich das auch herzeigen – das ist in Ordnung, das gehört dazu. Solange du nicht glaubst, dass das allein reicht.

Aber weißt, was komisch ist? Ich kenne viele Leute, die gehen nur zum Sport, weil sie abnehmen müssen. Spaß macht ihnen das keinen. Die haben 40, 50 Paar Schuhe und Kleiderschränke voll Klamotten daheim, aber was ziehen sie zum Sport an? Ihre ausgelatschtesten Freizeitschuhe und die ausgebeulten Hosen, die für die Straße oder das Lokal zu schäbig sind. Damit auch jeder gleich sieht, dass es ihnen keinen Spaß macht hier. Dass sie nur kommen, weil es halt sein muss. Weil sie ja attraktiv sein wollen – irgendwo anders dann. Eieiei!

SIXPACK ODER SPAß

Und nun zu den Fitnessstudios. „Will der Toni mir jetzt erzählen, dass die auch Schmarrn sind?“, fragst du. „Wo er doch selber so viele Studios aufgemacht hat?“ Und ich sag dir: Ja, zumindest so, wie viele die Fitnessstudios nutzen, ist das ein Schmarrn. Wenn da 50 Laufbänder nebeneinanderstehen und 50 superschöne Menschen nebeneinander rennen und schwitzen, aber keiner sich traut, den Nebenmann anzu-

sprechen. Dann ist das ein Schmarrn! Und sie dann heimgehen und sich beim Anbandel-Forum einloggen. Dann ist das ein Oberschmarrn! Neulich hab ich bei uns im Fitnesstudio eine superattraktive Frau gesehen. Die steht auf dem Crosstrainer: tolle Figur, toller Körper – ein Wahnsinn. Die Frau tritt in die Pedale, schaut nie, lacht nie, hat die Kopfhörer in den Ohren und starrt auf die Wand vor sich. Da habe ich mir gedacht, jetzt bin ich mal mutig und spreche sie an.
Ich hab sie gefragt, was sie so macht. „Ich muss noch 60 Minuten fahren, dann habe ich meine zwei Stunden geschafft." Wie ich sie gefragt habe, was im Anschluss passiert, hat sie gesagt: „Danach geht es nach Hause. Das Blöde ist, dass ich dann nichts mehr essen darf, weil das ja so schlecht ist nach dem Trainieren. Und damit ich nicht in Verlockung komme, gehe ich meistens gleich schlafen." Ui, habe ich mir gedacht, nach Spaß klingt das nicht.
Und wofür das alles? Ein junger Bursch verbringt seine ganze Zeit im Fitnessstudio und hat nur noch sich und seine Figur im Kopf. Der würde das Haus niemals im Leben ungegelt verlassen. Der verschwendet nicht nur seine Lebenszeit, der wird auch nie einen echten Fan finden. Weil er sich nur für sich selber interessiert. Und wen interessiert so jemand? Weißt du, wenn eine Frau wählen muss zwischen einem Typen mit Bauchmuskeln und einem spaßigen Typen, dann – garantier ich dir – nimmt sie den Spaßigen. Das übersehen viele Männer, die meinen, dass sie mit dem coolen Body und dem dicken Auto ihre Chancen auf dem Zweitbeziehungsmarkt steigern.

WENN EINE FRAU WÄHLEN MUSS ZWISCHEN EINEM TYPEN MIT BAUCHMUSKELN UND EINEM SPAßIGEN TYPEN, NIMMT SIE DEN ZWEITEN.

Damit will ich nicht sagen, dass du nichts für deinen Körper tun sollst. Das wäre der allergrößte Schmarrn. Eine Mindestzahl von PS muss schon sein. Und die tun dir aus verschiedenen Gründen gut, die ich dir jetzt erkläre.

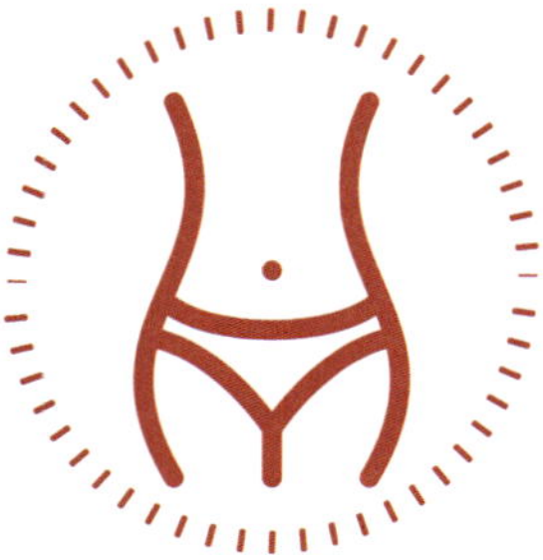

Einen ganz wichtigen Teil deiner Ausstrahlung macht nämlich deine Haltung aus. Aber ohne Muskeln keine gute Haltung. Eine gute Aufrichtung wird von Muskeln erzeugt, die du im normalen Leben überhaupt nicht brauchst. Kennst du den Spruch: „Use it or lose it“ also: „Benutze es oder verliere es“? Das genau passiert mit den Muskeln, die du nicht gebrauchst. Die musst du also absichtlich trainieren, wenn du eine gute Haltung haben willst. Aber keine Angst, das ist viel leichter, als du denkst. Jedes ordentliche Fitnessstudio oder ein gutes Coaching-Programm für zu Hause kann dir zeigen, wie das geht.

Die PS brauchst du auch, damit du vieles, was dir das Leben so bietet, locker tun kannst. Ohne dass du dich total fertigmachst. Weil fertig aussehen ist absolut unattraktiv. Das heißt nicht, dass du dich tot trainieren sollst, damit du beim Firmenlauf Platz zehn statt 50 erreichst. Da geht es doch eher um die goldene Ananas als um „Pokal oder Spital“. Also mach mit, aber mit mehr Spaß als Ehrgeiz.

Wenn du nämlich unheimlich viel Zeit für dein Training aufwendest, hast du zwar körperliche Fitness im Überfluss, aber dir mangelt es an Zeit für andere wichtige Sachen. Wenn du zum Beispiel dein ganzes Wochenende auf dem Rad verbringst, sodass dir am Sonntagabend der Hintern wehtut und du nichts mehr mit deiner Freundin anfangen kannst, dann ist das nicht gut für dich und deine Beziehung. Oder schau dir die vielen Fußballer an, die zwar topfit in ihrem Sport sind, aber kein gescheites Interview zustande bringen.

Du brauchst auch für viele andere Dinge im Leben Zeit: fürs Lesen, für den Job, für Freunde, fürs Raus-in-die-Natur-Gehen, fürs Reflektieren etc. Und dafür, richtig viele gute Gedanken zu produzieren. Das Leben zu lieben, wie es ist. Ich glaub, ein positives Mindset ist viel wichtiger, als möglichst viele Kilos im Fitnessstudio zu bewegen.

SETZ DIR KEINE ZIELE, DIE KEINER AUF DER WELT BRAUCHT!

Setz dir keine Ziele, die keiner auf der Welt braucht: Den Kilometer noch ein bisschen schneller zu laufen oder noch ein Kilo mehr stemmen zu können. Das sind keine essenziellen Ziele. Füll lieber die Bereiche auf, in denen du einen Mangel hast, als dort noch ein bisschen draufzulegen, wo du eh schon in der Fülle bist.
Du kannst dir schon mal vornehmen, dich in diesem oder jenem Bereich so richtig reinzuhängen und da dann der Beste zu sein. Aber versuch nicht, immer und überall der Beste zu sein. Das macht dich viel lockerer und auch viel menschlicher und sympathischer. Weil du nämlich andere mal richtig gut sein lassen kannst. In Wahrheit macht es dich nämlich viel stärker, wenn du andere lobst und ihnen Anerkennung gibst, als wenn du dich nur um dich selber kümmerst.
Die echten Champions sind die, die andere zum Erfolg führen, und nicht die, die sich ständig selber loben.
Und mit der wichtigste Grund, warum es dir guttut, ins Training zu gehen, ist, dass du deinen Stoffwechsel in Schwung bringst. Aber dazu erzähle ich dir gleich beim Thema Diäten mehr.

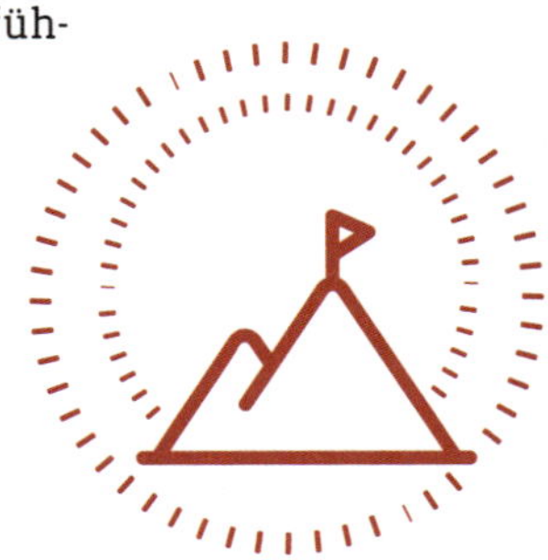

NIX ESSEN IST WAHNSINN

Wenn ich dir sag, dass Diäten dich dick machen, dann denkst du wahrscheinlich: „Jetzt spinnt er komplett, der Toni!" Aber es ist so und ich zeige dir auch, warum das so ist. Denn eins ist für mich klar: Diäten sind der größte Schmarrn, den du dir antun kannst.
Diäten machen dich dick!

DER TONI-TIPP ZUM STOFFWECHSEL

- *Es ist nicht der Überfluss, sondern der Mangel, der den Stoffwechsel lahmlegt. Deshalb musst du beim Mangel ansetzen.*
- *Fülle deine Speicher wieder auf: Du brauchst Vitamine, Mineralstoffe, Spurenelemente, Aminosäuren und so weiter. Und das schnell und viel.*
- *Vor Überdosierung brauchst du erst mal keine Angst zu haben, so wie du im Mangel bist. Sobald du in der Fülle bist, brauchst du eh nicht mehr so viel.*
- *Lass dich gut beraten bei dem, was du da nehmen sollst, denn es gibt jede Menge Zeug auf dem Markt, das seinen Zweck nicht erfüllt oder sogar schlecht ist.*

- *Schau, dass du dich eiweißreich ernährst. Frischer Salat, Kräuter, Obst und Gemüse gehören eh dazu – am besten aus der lokalen Bio-Abteilung im Supermarkt oder vom Bauernmarkt in der Nähe. Je weniger Weg die Lebensmittel zurückgelegt haben, desto gehaltvoller sind sie.*
- *Gleichzeitig wirfst du mit täglicher Bewegung oder dem knackigen Workout deinen Stoffwechsel an. Gutes Training, aber auch zahmere Varianten wie flottes Spazierengehen bringen den Abbau der Nährstoffe in Gang.*

So wie beim Franz, einem Top-Manager um die 50: Er war auf Empfehlung zu mir gekommen, weil er den großen Wunsch hatte, wieder in die Berge gehen zu können. Er war fett, ausgebrannt und bewegungsfaul. Schon die Strecke zwischen Parkplatz und Studio war für ihn anstrengend. Sein Vater und sein Bruder waren bereits an Herzinfarkt gestorben und er hatte große Angst, dass es ihm genauso ergehen wird.

Ich hab ihn also erst einmal erzählen lassen: von den vielen vergeblichen Diäten, von den Heißhungerattacken, von dem Gefühl zu versagen, wenn er dann doch wieder zuschlägt. Der Franz war ganz eindeutig im Mangel.

Wir haben mit ihm in den drei Wochen nach dem Gespräch ein Programm absolviert, das seine Stoffwechselreserven wieder aufgefüllt hat. Und du glaubst es nicht: Am Ende der drei Wochen bin ich mit ihm in die Berge gegangen. Der Franz war so was von glücklich.

Seither geht es ihm richtig gut. Nicht weil er den perfekten Körper hat, sondern weil er sich gesund und fit fühlt, zum Jagen geht und machen kann, was er will. Ein-, zweimal im Jahr kommt er zum „Service machen“ zu uns und schafft es ansonsten allein.

Die Heißhungerattacken, die den Franz geplagt haben, sind übrigens absolut normal: Es gibt 70 Billionen Zellen in deinem Körper und wenn die alle miteinander nicht gesättigt sind, dann zwingen die dich mit Macht, etwas zu essen, und das schnell – da hast du kaum eine Chance. Du kannst dir nicht einfach einreden, dass du keinen Heißhunger mehr haben darfst.

DU KANNST DIR NICHT EINREDEN, DASS DU KEINEN HEIßHUNGER MEHR HABEN DARFST.

In früheren Seminaren haben wir versucht, die Teilnehmer dazu zu bringen, ein Stückchen Schokolade gaaaanz langsam zu essen. So mit auf den Lippen verteilen und dann schlecken. Meistens hat das überhaupt nichts genützt, weil der Körper einfach in einem Mangelzustand war. Die Heißhungerattacken kamen trotzdem.
Jetzt verstehst du vielleicht schon, warum Diäten der Superburner in Sachen Abnehmen sind: Du bringst deinen Stoffwechsel durch die Diät in einen Mangelzustand. Darum funktioniert dein Stoffwechsel langsamer. Er wird deshalb mitnichten das Fett abbauen, so wie du es gern hättest. Im Gegenteil: Sobald du dann wieder einigermaßen normal isst, werden sich die Fette und der Zucker, die du zu dir nimmst, erst recht anlagern – denn zum Abbauen bräuchtest du ja einen guten Stoffwechsel. Den hast du aber selber vorher lahmgelegt. Das ist der berühmte Jo-Jo-Effekt. Kapito?

WAS DICH WIRKLICH ATTRAKTIV MACHT

Uiuiui, harte Packung, gell? Weder Klamotten, der neue Sportwagen, das allerneueste iPhone, das Abo im Fitnessstudio oder Diäten machen dich echt attraktiv. Bist jetzt enttäuscht? Musst du nicht sein, denn ich hab was Besseres für dich.
Aber davor muss ich dir noch von meinem Erlebnis im Camp mit den ganzen Models erzählen.

Das war im Rahmen von so einer Fernsehshow. Meine Freunde haben mich unglaublich beneidet: „Boah, du bist da vier Tage und Nächte mit

diesen Wahnsinnsfrauen beieinander – das ist ja das Eldorado.“ Hat ja auch gestimmt: Alle die Mädels hatten eine absolute Superfigur, eine hübscher als die andere. Aber, weißt was? Es war so anstrengend. Weil ich einfach keine Ahnung hatte, was ich mit denen reden sollte. Und ständig nur über Bullshit-Themen reden, das macht total unattraktiv.
Wenn die Leute denken, dass es reicht, einen schönen Körper zu haben, dann sag ich dir: Ein schöner Körper allein spricht nicht. Vielleicht ist es auch deshalb noch nie passiert, dass ich mich in ein Model verliebt habe. Auch wenn ich inzwischen einige kennengelernt habe, die auch was im Kopf haben und richtig cool drauf sind. Es sind nur leider die Ausnahmen.

Früher habe ich ja selber ohne Ende trainiert. Bis mir dann aufgefallen ist, dass mir der Überfluss an Training zwar absolut definierte Bauchmuskeln eingebracht, aber kaum Zeit für andere tolle Sachen gelassen hat. Deshalb trainiere ich heute viel weniger. Klar, wenn ich so an mir runterschaue, muss ich sagen: Bauchmuskeln, geformt bis zum Schluss, das kann ich heute nicht mehr bieten. Aber weißt du was? Ich bin insgesamt viel fitter und fühle mich viel attraktiver, seit ich weniger trainiere, aber mit viel mehr Spaß.
Wichtig ist, dass du deinen Stoffwechsel aktiviert kriegst. Denn dein Stoffwechsel ist wie ein Motor: Der braucht Benzin, damit er arbeiten kann. Wenn er richtig auf Hochtouren läuft, verbrennt er auch jede Menge: Dann kannst du ohne Bedenken einen Kuchen essen – gar kein Problem. Weil der Stoffwechsel das verarbeiten kann.

DEIN STOFFWECHSEL IST WIE EIN MOTOR. ER BRAUCHT BENZIN, DAMIT ER ARBEITEN KANN. UND WENN ER MAL LÄUFT, VERBRENNT ER AUCH RICHTIG.

Solange dein Stoffwechsel am Boden liegt und du auch nur ein bisschen was isst, wird er das nicht wegschaffen können, sondern die Nährstoffe lagern sich an. Also bring deinen Stoffwechsel in Schwung. Und zwar mit Spaß. So wie die Gerti.

In einem meiner letzten Workshops ist eine Frau ziemlich zu spät gekommen. Wie sie sich so durch die Tür drückt, winkt sie mir zu, als tät sie mich kennen. Komisch, habe ich bei mir gedacht, die kommt mir zwar schon irgendwie bekannt vor, aber irgendwie auch nicht.
In der Pause kommt sie auf mich zu und sagt: „Kennst mich nimmer? Ich bin die Gerti und war letztes Jahr bei dir im Vortrag. Ich habe alle deine Tipps und Tricks angewandt und schau mich an heute!" Sie strahlt.
Kann sie auch: Sie hat sich total verändert. 14 Kilo hat sie abgenommen, sagt sie. Aber was viel umwerfender ist: Sie, die vorher eher so eine graue Maus war, versprüht jetzt eine Lebensfreude, das ist der Hammer. Sie hat ihren ganzen Typ verändert, andere Frisur, jüngerer Look, andere Haltung. Ich war richtig gerührt.
Ich hab sie dann bei anderen Seminaren als Expertin vorgestellt, weil sie die Umsetzung so toll hingekriegt hat. Denn auch das ist wichtig: dass jemand die Anerkennung zu spüren bekommt. Und mit der Anerkennung wächst das Selbstvertrauen.

Ein paar Kilo zu viel – daran scheitert deine Attraktivität nicht. Schau dass du deinen Stoffwechsel aus dem Mangel rauskriegst, dann passiert der Rest von ganz allein.
Es ist die Persönlichkeit eines Menschen, die jemanden interessant und attraktiv macht, nicht nur der Körper. Also lass dir nicht den Schmarrn von der Allseligmachung durch Klamotten, Fitnessstudios und Diäten erzählen. Der Mangel, der dadurch entsteht, macht dich

nur unattraktiver. Schau, dass dein Stoffwechsel in die Fülle kommt, und du kannst das, was dir das Leben bietet, viel besser genießen. Und auch für die anderen bist auf diese Art viel genießbarer.
Und zum Schluss habe ich noch eine Geschichte aus meiner Erfahrung bei Castings für dich:

Da sitz ich so in der Jury und geb brav meine Noten ab. Ja, sind alle hübsch. Die einen blond, die anderen dunkel. Die eine ein bisschen größer, die andere ein bisschen kleiner. Aber irgendwie sehen sie alle gleich aus.
Ich schaue ein bisschen gelangweilt ins Publikum. Da sitzt in der ersten Reihe eine Frau. Mit langen, schwarzen Haaren. Geile Figur. Mit einem Lächeln, dass es dich umhaut. Warum war die da unten und nicht auf der Bühne?
Ich hab sie nach der Sendung angesprochen. Warum sie denn nicht mitgemacht hätte. Garantiert hätte sie gewonnen. Sie meinte aber nur, dass ihr das nicht wichtig sei. Sie hätte ja an so viel anderen Dingen im Leben Spaß. Wir haben noch lang gequatscht und sind auch heute noch auf Facebook befreundet.
Eine echt coole Frau. Weil eben nicht nur die Figur gestimmt hat.

SCHMARRN 5:
Je mehr Freunde du hast, desto glücklicher bist du

Facebook, WhatsApp, SnapChat, Instagram: Soziale Netzwerke sind in meinen Augen Pseudokram. Gut fürs Geschäft sind sie schon. Aber glaub mir: Enge Freundschaften pflegst du so nicht. Wenn du mit 30 „Freunden" auf Facebook kommunizierst und mit 20 Leuten über WhatsApp schreibst, bist du zwar überall ein bisserl, aber nirgends richtig dabei.
Klar, zig Kontakte zeigen nach außen: Hey, bist du beliebt! Aber wenn du 1.000 „Freunde" hast, bekommst du auch 1.000 Anfragen. Und stehst bei jedem Fest ganz oben auf der Gästeliste. Einladung hier, Einladung dort. Und dann hockst du an deinem freien Wochenende bei einer Taufe, einer Hochzeit oder sonst einem Fest von einem deiner Facebook-Freunde. Wär ja unhöflich, die Einladung eines Freundes abzusagen … Ja super! Hier ein Busserl, da ein Busserl. Dabei sein ist alles!
Ich sag dir: Das ist ein Schmarrn! Wichtiger ist es, glücklich zu sein! Du hast keine Lust, auf eine Party zu gehen? Dann geh halt nicht hin. Nimm selber in die Hand, mit wem du deine Freizeit verbringst. Weißt du, aus welchen Wörtern Freizeit zusammengesetzt ist? Aus „frei" und „Zeit"! Sei so frei: Deine Zeit ist zu schade für Pseudofeiern mit Pseudofreunden für Pseudowichtige. Wenn es um die Frage geht, wem du deine freie Zeit schenkst: Trau dich ruhig mal, ein Egoist sein!

ENTSCHEIDE SELBER, MIT WEM DU DEINE FREIZEIT VERBRINGST.

WO DIE ZEIT HINGEHT

Egal wo du bist, heut bist du für alle 24/7 erreichbar. Du bist grad aus dem Bett, da geht's schon los. Erst mal die neuesten Posts, Whats-

App-Nachrichten und E-Mails auf dem Smartphone checken. Und so bleibt es den ganzen Tag über: Blicke aufs Display in der U-Bahn, bei der Arbeit, in der Mittagspause, auf dem Heimweg, beim Feierabendbier mit Freunden, bis du dich schlafen legst. Deine sozialen Netzwerke verlangen nonstop Aufmerksamkeit. Auf allen Kanälen wirst du dauerbefeuert.

Was glaubst du, wie oft schaust du durchschnittlich auf eine Nachricht? Ich sag's dir: wahrscheinlich mindestens drei Mal! Das erste Mal, wenn du sie bekommst. Da schaust du, wer sie dir geschickt hat. Das zweite Mal liest du sie an. Da schaust du kurz, was drinsteht. Und wenn du endlich Zeit hast, dann hast du sie zum dritten Mal vor dir. Weißt du, was das für mich ist? Sinnlos hinausgeschmissene Zeit! Und ganz am Ende des Tages wunderst du dich dann: Warum fehlt mir die Zeit?

Facebook und andere Kanäle sind klasse, weil du da Austausch mit Leute haben kannst, die sich über die gleichen Themen Gedanken machen wie du. Deshalb freue ich mich darüber, dass ich über meine Accounts mit immer mehr Interessierten in Kontakt komme. Ich vergesse darüber nur nicht meine Freunde im echten Leben.

Denn die Zeit, die du für Social Media aufwendest, verlierst du für die, die dir persönlich viel bedeuten. Für die Menschen, die du magst. Die, mit denen du supergern zusammen bist.

Das größte Geschenk, das du machen kannst, ist deine Zeit. Gib sie den Menschen, die dich inspirieren und dir am Herzen liegen!

MIT WEM HAST DU WIRKLICH SPAß?

Weißt was? Hör auf mit dem ganzen Schmarrn! Sag alle Einladungen ab, auf die du keine Lust hast. Ja, alle! Und wenn dir nur zwei E-Mails aus deinem Netzwerk wirklich wichtig sind, wirf die restlichen 28 in die Tonne. Und der Kollege, mit dem du nach Feierabend oft noch ein Bier trinkst, taugt der für ein gutes Gespräch? Nein? Dann lass es. Geh lieber heim und genieß mit deinem Partner ein Glaserl Wein auf der Terrasse. Da hast du deine Zeit besser investiert.

DU BIST NICHT DIE CARITAS.

Schick die Leute, mit denen du nichts anfangen kannst, aus deinem Leben! Auch wenn das erst mal hart klingt. Aber, hey, du bist nicht die Caritas!

Wenn du dir schon auf der Arbeit nicht aussuchen kannst, mit wem du im Projekt steckst, dann schau in der Freizeit nach Menschen, die dich glücklich machen. Es ist deine wertvolle Lebenszeit! Überleg dir: Mit wem hast du wirklich Spaß? Mit wem kannst du über Dinge reden, die dir wichtig sind?

Ich sag nicht, dass du alle Kontakte überstürzt abbrechen sollst. Nimm dir ruhig Zeit nachzudenken. Manchmal erlebst du nämlich auch Überraschungen. So wie ich damals.

Ein Konkurrent hatte mir über Facebook eine Kontaktanfrage geschickt. Die hab ich sofort abgelehnt: Mit einem Wettbewerber verbrüder ich mich doch nicht! Ein paar Monate später laufen wir uns auf einer Messe über den Weg. Und kommen gleich ins Gespräch. Da merken wir, dass wir super miteinander können! Und weißt was? Heute machen wir sogar Projekte zusammen. So was kann's eben auch geben. Du denkst, dass dir jemand gar nicht passt. Und am Ende entwickelt sich ein spitzenmäßiger Kontakt.

Solche Kontakte gibt's nicht frei Haus auf Facebook. Die stehen auch nicht im Newsletterverteiler. Dafür braucht es Zeit. Und es sind nicht allzu viele. Meine Freunde kann ich an einer Hand abzählen. Und ich trenne sie nicht nach Arbeit und Freizeit. Wenn ich mit jemandem richtig gut zusammenarbeite, dann kann der auch zu einem guten Freund werden. Oder umgekehrt: Wenn ich zu einem Freund Vertrauen aufgebaut hab, dann macht es saumäßig Spaß, auch mal ein gemeinsames Projekt hochzuziehen.

Die Latte hoch anzulegen ist nicht nur bei Freundschaften wichtig, sondern auch beim Netzwerken. Ich beobachte immer wieder Leute, die mit Hunderten Kontakten gleichzeitig jonglieren. Die verschicken Massen-Mails, um sich hier und da mal wieder in Erinnerung zu bringen. Und was passiert? Können die sich vor Aufträgen kaum retten? Ach geh!

Diese oberflächlichen Kontakte nerven nicht nur den Empfänger. Du verschleuderst auch deine wertvolle Zeit. Netzwerke lieber mit Leuten, mit denen du gut kannst. Da haben beide Spaß dran. Und das zeigt sich auch am Erfolg.

Dass nicht die Anzahl, sondern die Qualität der Kontakte wichtig ist, merkst du inzwischen auch bei Facebook. Die Likes oder Kommentare, die du für deine Posts bekommst, sind entscheidender als die Zahl deiner Freunde. Besser, du teilst mit wenigen Menschen alles als mit vielen Menschen nichts!

HÖR AUF DEINEN BAUCH

Wenn du jetzt denkst, okay, ich mach das. Ich will nur noch mit denen was zu tun haben, mit denen ich Spaß hab! Wie kriegst du raus, wer die richtigen Freunde sind? Eine Checkliste gibt's dafür nicht. Eins ist klar: Wenn du vor einem Treffen spürst, dass du eigentlich nicht hinwillst, dann kannst du schon davon ausgehen, dass diese Person nicht die richtige ist.

Ich rat dir, dass du nicht verkrampfst und jetzt jeden Kontakt gnadenlos abcheckst. Schieb alle Erwartungen beiseite. Geh ganz offen an die Sache heran. Der erste Eindruck kann täuschen. Der zweite auch. Führ ein lockeres Gespräch. Und wenn du merkst, es passt, dann geh einen Schritt weiter. Dein Bauch sagt dir schon, ob jemand zu dir passt. Es ist ganz normal, wenn der Geschäftspartner, mit dem du einen vielversprechenden Espresso getrunken hast, wieder von deinem Radar verschwindet. Nicht jeder Kontakt wird mit der Zeit ein guter Freund. Geschäft bleibt Geschäft – da spielt es keine Rolle, wie häufig du dich triffst.

Um gut befreundet zu sein, müsst ihr euch nicht ständig sehen. Ich hab zum Beispiel einen sehr guten Freund, wir kennen uns schon aus Studienzeiten. Inzwischen wohnt er weit weg und wir treffen uns maximal einmal im Jahr. Aber wenn wir uns dann zusammensetzen, ist das, als hätten wir uns gestern erst gesehen. Ein super Gefühl. Ich weiß, auf den kann ich mich verlassen. Ganz egal, wie häufig ich ihn treffe.

UM GUT BEFREUNDET ZU SEIN, MÜSST IHR EUCH NICHT STÄNDIG TREFFEN.

Mit so jemandem redest du auch ganz anders. Wenn du einfach so drauflos plapperst, ohne groß nachzudenken, ohne lange abzuwägen, ob du das jetzt sagen kannst oder nicht. Im Gespräch mit einem guten Freund hältst du dich nicht mit Banalitäten auf. Die erzählst du deinem Arbeitskollegen in der Teeküche. Aber hier kannst du frei über den Sinn des Lebens philosophieren oder berufliche Pläne abklopfen. Mit dem Freund quatschst du über Sachen, die dich wirklich beschäftigen. Und am Ende bist du entweder ein Stück weiter oder erleichtert, dass du drüber sprechen konntest. Wenn du weißt, der andere versteht dich – dann fühlt sich das so richtig gut an, oder?

Bei richtigen Freunden spielt so was wie Zeit einfach keine Rolle. Es ist wurscht, ob ihr zehn Minuten oder eine ganze Woche miteinander verbringt. Hast du schon mal auf die Uhr geschaut, während du richtig Spaß hattest? Bestimmt nicht. Logisch! Wenn du dich super fühlst, vergeht die Zeit wie im Flug. Da kommst du gar nicht auf die Idee, auf die Uhr zu schauen.

GEBEN UND NEHMEN

„Und, Freunde, wann gemma wieder wandern oder a Bier trinken?" „Du, ich würd ja gern, aber ich bin total verplant." Oder: „Geht leider nicht! Ich steck grad mitten in einer wichtigen Sache, die fertig werden muss." Kennst du das, wenn dir deine Freunde öfter so absagen? Dann stimmt irgendwas nicht.

Als sich mein bester Spezl nicht mehr bei mir gemeldet hat, habe ich mich schon gefragt, ob der denn deppert geworden ist oder ich. Ich bin dann die letzten Treffen in Gedanken noch mal durchgegangen: Was hatten meine Freunde mir erzählt? Was passiert grad in deren Leben? Und jetzt kommt's: Mir wollte einfach nichts einfallen! Ich wusste es nicht. Und das lag nicht daran, dass sie mir zu viel von sich erzählt hatten. Sie waren erst gar nicht dazu gekommen, weil ich die ganze Zeit nur über mich und mein Geschäft gesprochen hatte. Die Gespräche hatten sich um meine neue Filiale in Wien, meinen neuen Deal mit dem Ausrüster, mein neues Buch gedreht. Es war immer nur um mich gegangen. Dabei hatte ich mich gar nicht darum gekümmert, nach ihnen zu fragen.

Wenn dir mit einem Schlag klar wird, warum plötzlich keiner deiner Freunde mehr Zeit für dich hat, da legst dich echt nieder! Damals hab ich das simple Grundprinzip einer gescheiten Freundschaft ignoriert: geben und nehmen. Das ist wie mit einer Waage. Auf der einen Waagschale stehst du, auf der anderen dein Freund oder deine Freundin. Die Waage sollte ausgeglichen sein, dann seid ihr auf Augenhöhe. Um die Balance zu halten, müsst ihr gegenseitig geben und nehmen – und gleichmäßig, bitte schön! Wenn einer von euch beiden im-

mer nur nimmt, senkt sich die Waage zu einer Seite ab. Und so verliert ihr euch irgendwann aus den Augen.
Mal anders gesagt: Wenn du willst, dass dir jemand zuhört, dann hör ihm zu. Das hat zwei Spitzenvorteile: Einerseits wirst du dich wundern, was dein Freund für Geschichten zu erzählen hat. Andererseits wird er dir dann auch zuhören. So ist das nicht nur mit dem Zuhören, es gilt für alles andere auch. Wenn du die Bedürfnisse deiner Freunde erfüllst, dann erfüllen sich deine ganz von allein. Nimm dich selber nicht so wichtig und zeig dem anderen, dass er wichtig ist. Frag aufrichtig nach, wie es ihm geht. Mach die anderen groß und dich klein!

MACH DIE ANDEREN GROß UND DICH KLEIN!

Noch ein Tipp: Schreib um Gottes willen keine E-Mails an deine echten Freunde. Wenn du schon nicht die Zeit hast, sie zu treffen, dann ruf an! Das ist viel persönlicher und du kannst besser auf sie eingehen. Und sie auf dich. Das sind alles Kleinigkeiten, aber verdammt wichtige. Freundschaft fängt im Kleinen an.
Ich sag's noch mal, weil's so wichtig ist: Deine Zeit ist das Wertvollste, was du jemandem schenken kannst. Aber das heißt nicht, dass du deine Freunde nur mit deinen Geschichten zuschüttest. Klar geht denen das irgendwann auf den Zeiger! Denk immer an die Waage ...
Es reicht nicht aus, wenn ihr nur beisammen seid. Es ist vor allem wichtig, dass ihr euch für ein paar Stunden die volle Aufmerksamkeit schenkt! Schalt dein Handy ab oder wenigstens auf lautlos, wenn du mit deinem besten Freund abends auf der Terrasse zusammensitzt und ihr über Gott und die Welt ratscht. Du wirst sehen: Das tut nicht nur eurer Freundschaft gut, sondern auch dir!

SCHMARRN 6:
Guten Sex bekommst du jederzeit

Das mit dem Sex, das ist doch heut ganz easy, oder? Da gehst du in die Disco, tanzt a bisserl, nimmst einen Drink am Tresen und machst halt was aus. Kein großes Ding.
Das war früher ganz anders. Da war Sex noch kein Thema. Wenn du nicht verheiratet warst, lief da gar nix. Klar, heimlich schon! Im Auto deines Spezls oder so. Wehe, die Eltern kriegten was mit.
Heute gehört Sex zu den Grundnahrungsmitteln. Wie die Semmel zum Frühstück. Du kannst dich zum Sex verabreden wie zum Joggen. Und wenn du nicht rausgehen magst, um persönlich jemanden anzusprechen, dann gehst du eben ins Internet. Und checkst bei einem der unzähligen Online-Portale ein. Da reichen ein paar Klicks und schon kannst du Kontakte knüpfen ohne Ende. Und das zu jeder Stunde, wenn du magst. Über Tinder kannst du dich immer schnell zu einer Nummer verabreden. Bei so vielen Chancen, da ist schon der Hauptgewinn dabei, oder?

DU KANNST DICH ZUM SEX VERABREDEN WIE ZUM JOGGEN.

Wie das geht mit dem Sex, das wissen die jungen Leut heute schon früh. Noch bevor sie das Wort „Youporn“ richtig aussprechen können, bekommen sie schon das erste Filmchen zu sehen. Das ist kinderleicht. Bettgymnastik auf allen Kanälen. Rauf und runter. Da kommst du gar nicht mehr drum herum.
Jeder weiß, wie's geht, und jeder kann es haben. Im Überfluss.
Mal ehrlich! Ist das echt so? Kann jeder jederzeit Sex haben? Und ist der dann befriedigend? Macht der so richtig glücklich?

WARUM DAS MIT DEM GUTEN SEX GAR NICHT SO EINFACH IST

Weißt du, was sich wirklich gesteigert hat? Wir haben mit immer mehr verschiedenen Menschen Sex. Aber ich glaub trotzdem: Insgesamt gibt's weniger Sex. Und warum? Weil keine Zeit mehr dafür da ist.

Statt die Zeit im Bett zu verbringen, arbeitest du bis zum Umfallen. Überstunde um Überstunde. Nach Feierabend hetzt du von einer Veranstaltung zur nächsten. Sonntags müssen der Carport zu Ende gebaut und der Rasen gemäht werden.

Vor allem bist du heute mehr online als offline. Es gibt Studien, die belegen, dass wir mittlerweile mehr Zeit auf Twitter, Instagram und Co verbringen, als uns persönlich zu treffen. Wenn du gerade irgendwo einen leckeren Latte Macchiato trinkst, machst du gleich ein Foto davon und postest es auf Facebook. Super! Kann aber schon sein, dass ein Unbekannter neben dir anbandeln will. Und du merkst es gar nicht! Der persönliche Kontakt bleibt da schnell auf der Strecke. Wie soll das also mit dem Sex funktionieren?

Um jemandem in die Augen zu schauen und Klartext zu reden – dafür brauchst du Mut. Ich kenne Leute, die sind mutig. Im Internet. Da schwingen sie große Reden. Da sind sie der Hecht. Aber wenn es darum geht, sich zu treffen, sind sie ganz klein mit Hut. Dann fangen sie an rumzudrucksen und von dem Hecht ist nicht mehr viel übrig.

Wenn du dann doch einen neuen Sexpartner gefunden hast: Super! Aber habt ihr auch die gleichen Erwartungen? Wenn du nur ins Bett hupfen willst, deine Partnerin aber die Beziehung fürs Leben sucht, dann passt es nicht zusammen. Klar, du kannst dem anderen bewusst was vormachen, nur um ihn rumzukriegen, aber das rächt sich. Am Ende ist immer einer verletzt und der andere das Arschloch.

Warum trauen sich so wenig Leut zu sagen, dass sie mal schlichtweg nur Sex wollen? Weil sie Angst haben, dass sie als gefühllos abgestempelt werden. So was macht man halt nicht. Da muss schließlich schon ein bisserl Herz dabei sein. Oder?

SAG DEM ANDEREN KLAR, WAS SACHE IST.

Logisch, Sex mit Gefühl ist immer der Hauptgewinn. Supergenial, wenn alles passt. Aber wenn nicht, sollst du dann ganz darauf verzichten? Ist doch Schmarrn! Wichtig ist, dass du klar sagst, was Sache ist. Damit hat der andere die Chance, sich darauf einzulassen. Oder eben nicht.

Und der Sex mit dem festen Partner? Ist der denn so viel einfacher? Wenn ich mit den Leuten red, hab ich noch nie so was gehört wie: „Ja du, bei mir daheim, da geht's ab! Da ist der ultimative Sex angesagt!" Ich höre eher das Gegenteil. Erst vor Kurzem hab ich mich mit einem guten Freund unterhalten. Und was sagt der? „Zu Hause freut's mich sowieso net mehr." Das ist doch echt schade, oder?

Bei den wenigsten, die ich kenne, läuft es in der Beziehung mit dem Sex rundum gut. Und dann gehen sie raus und holen sich den Sex außerhalb. Aber wenn du ehrlich bist, musst du schon zugeben, dass das nix bringt. Am Ende ist es doch eh das Gleiche. Die Leute erhoffen sich den Superkick, wenn sie den Partner wechseln. Aber die Sache geht in der Regel nicht auf. Und so wird's im anderen Bett schnell genauso lahm. Einfach nur etwas anderes – das macht den Sex nicht besser.

WIE DU AN GUTEN SEX KOMMST

Jetzt fragst du dich: Na, wann kommt der Toni denn endlich zur Sache? Wie komm ich nun an guten Sex?

Ich verrat's dir.

Erst einmal musst du den Lustkiller Nummer eins loslassen: den Stress. Vielleicht geht's dir auch so, dass du nicht alle Sachen erledigt bekommst, die du dir vorgenommen hast. Ich nenn das Morbus Aufschieberitis. Das Angebot, was seit einer Woche überfällig ist. Das Abonnement, das du schon ewig kündigen wolltest. Die Wäsche, die seit Tagen im Trockner wartet. All die Sachen, die du auf die lange

Bank geschoben hast – und die dich im Bett wieder einholen. Ausgerechnet im Bett!

STRESS IST DER LUSTKILLER.

Wenn deine Verpflichtungen dir über den Kopf wachsen, hast du Stress. Dann verspannst du. Wenn Frauen nicht mehr entspannt sind, wird Sex schnell zu einem mechanischen Ding: rein, raus. Aber auch wir Männer nehmen den Stress mit ins Bett. Und das schlägt bei uns auf die Durchblutung. Und bei welchem Körperteil macht sich mangelnde Durchblutung als Erstes bemerkbar? Genau!

Aber denk jetzt nicht, du müsstest das alles erst wegarbeiten, bevor du guten Sex haben kannst! Für die Liebe kannst du auch mal was wegschieben! Ob das Angebot, die Wäsche oder die blöde Kündigung jetzt noch einen Tag länger liegen bleiben: Ist doch wurscht! Wenn du im Bett liegst, stehst du eh nicht noch mal auf. Also warum auch nur einen Gedanken dran verschwenden? Wichtig ist das Hier und Jetzt.

Das hab ich auch erst lernen müssen. Als meine Firma expandiert ist, hatte ich keinen Kopf für Sex. Alle Welt wollte etwas von mir. Vor lauter Terminen wusste ich nicht mehr, wo mir der Kopf stand. Ich war angespannt bis zum Gehtnichtmehr. Bis es mir zu viel wurde. Jetzt weiß ich, dass ich auch loslassen kann.

Ich hab auch verstanden, dass guter Sex nix mit Stellungen zu tun hat. Es kommt auch nicht in erster Linie auf Tempo oder Ausdauer an. Sex ist kein Leistungssport! Das Körperliche ist wichtig, aber es spielt im Orchester für guten Sex nur die zweite Geige. Die erste Geige spielst du selber. Was wirklich wichtig ist, um guten Sex zu haben, trägst du nicht unter, sondern über dem Hals.

SEX IST KEIN LEISTUNGSSPORT.

Guter Sex hängt von der Aufmerksamkeit ab, mit der du es tust. Eine Freundin hat sich vor ein paar Wochen bei mir über ihren Partner beschwert: „Beim Sex geht er einfach nicht auf mich ein. Ich habe das Gefühl, dass er mit dem Kopf ständig woanders ist.“ Sie war sehr verzweifelt. Ich hab ihr gesagt: „Redet halt miteinander! Redet über euren Sex! Sagt euch, was ihr voneinander erwartet.“

Miteinander reden. Das rat ich dir für alle Bettgeschichten. Auch für einen One-Night-Stand. Wenn die Kommunikation zwischen euch schon nicht stimmt, lass es lieber gleich! Guter Sex kann nur mit jemandem passieren, mit dem du dich gut und cool verstehst. Wenn ihr am nächsten Tag sogar noch schön gemeinsam frühstücken könnt, wird’s richtig spitze.

Ich sag nicht, dass es leicht ist, so einen Partner zu finden. Ab und zu heißt es auch abwarten. Das ist, wie wenn du am Bahnhof stehst und auf den Zug wartest. Wenn du gleich auf den Erstbesten springst, kann es sein, dass du irgendwo landest. Wartest du aber zwei, drei Züge ab, bis der richtige kommt, erreichst du auch dein Ziel.

Früher hab ich gesagt: Guten Sex bekommst du jederzeit. Das stimmt immer noch, aber da kannte ich echte Partnerschaft noch nicht. Heute sag ich: Spitzenmäßigen Sex bekommst du nur, wenn die Partnerschaft passt.

WIE DU AN SPITZENMÄSSIGEN SEX KOMMST

Spitzenmäßiger Sex, das ultimative Glück! Genau das wünschst du dir, oder? Und ich sag dir: Klar kannst du den haben. Du musst nur die richtigen Voraussetzungen dafür schaffen.

Ich erinnere mich an eine Autofahrt mit meinem besten Kumpel, wir waren unterwegs zu einem Seminar. Er war seit drei Wochen mit seiner neuen Freundin zusammen und total in sie verknallt. Das war eine Bombenfrau, bildhübsch. Auf dem Weg schickten die sich an die 70.000 Nachrichten über Facebook. Ich war superneugierig: „Und, wie ist der Sex?" Du konntest richtig spüren, wie er im Beifahrersitz zusammensackte: „Ja geht scho, irgendwie kommen wir kaum dazu. Es kommt immer was dazwischen." Ehe ich darauf reagieren konnte, merkte ich, wie er plötzlich käsekreidebleich wurde. Sie hatte einen harmlosen Facebook-Post von ihm und einer anderen Frau gesehen und machte ihm deshalb die Hölle heiß. Wegen so einer Lappalie! Da wusste ich schon, das wird nix mit den beiden. Und zwei Wochen später war Schluss.

Als er drüber weg war, hat er mir erzählt, dass sie den Sex mit ihm regelrecht vermieden hatte. Sie hatte immer eine Ausrede parat. Und weißt du warum? Weil sie eigentlich einen ganz anderen Typ Mann gesucht hat. Es hat einfach nicht gepasst. Schade um die Zeit. Aber sei's drum!
Wenn deine Beziehung schwierig anfängt, wird sie später nicht besser. Und es bringt nichts, wenn du deinen Partner zwanghaft verändern willst. Such dir jemanden, der mit dir harmoniert. Nicht nur einen, mit dem du halt leben kannst. Das ist schon ein fauler Kompromiss! Such dir jemanden, mit dem du hammermäßig leben kannst. Wenn du das nicht findest, ist in der Beziehung von Anfang an der Wurm drin.

SUCH DIR JEMANDEN, MIT DEM DU HAMMERMÄẞIG LEBEN KANNST.

Glaub mir, ich hab da so meine eigenen Erfahrungen. Eine meiner Ex-Freundinnen war total negativ drauf. Als das mit uns losging, dacht ich mir: Ich bin doch super drauf! Die krieg ich locker im Superurlaub auf Gran Canaria umgedreht.
Aber das war ein Irrtum. Alles spitze: Pool, Dachterrasse, super Apartment, super Wetter! Und was sagt sie, sobald wir in die Wohnung dort kommen? „Hier gibt es sicher irgendwo Kakerlaken!"

Und tatsächlich wars dann auch so: Es war das erste und bisher auch das letzte Mal, dass ich in einer Ferienwohnung Kakerlaken hatte. Ich glaube fast, das war die Macht der Anziehung ...

Entweder du akzeptierst den Partner, wie er ist – oder nicht. Du brauchst nicht darauf zu warten, dass sich was ändert. Als wir uns trennten, war das wie eine Befreiung. Ich hab die Spannung zwischen uns nicht mehr ausgehalten. Wir haben einfach nicht zusammengepasst. Trotzdem ist sie auf ihre Art ein toller Mensch, einfach nur anders. Wir sind auch noch befreundet, aber halt nicht mehr zusammen. Und wenn eine Beziehung unter Spannung steht, beginnen die Vermeidungsstrategien. Kann ich heut noch mehr auf der Arbeit machen? Geh ich lieber zum Sport? Du beginnst dich anderweitig umzuschauen. Und geht das Fremdflirten erst los, ist höchste Alarmstufe angesagt!

Das kannst du beobachten, wenn die Partner getrennt weggehen. Ich geb dir ein Beispiel: Ich war auf Firmenreise nach Albanien. Mit Männern, die alle in festen Händen waren. Teilweise ewig verheiratet und glücklich. Am zweiten Tag kommt unser Taxifahrer verwundert auf mich zu. Warum ich bisher nicht gefragt hab, wo ich hier an billigen Sex komme. Normalerweise fragen ihn alle Touristen danach. Da wurde mir klar: Was die zu Hause nicht mehr spüren, leben sie woanders aus. Wenn es aber in der Beziehung zu 100 Prozent passt, spürst du das garantiert. Dann hast du einen Menschen gefunden, der zu dir gehört. Halt ihn fest! Schenk ihm deine Aufmerksamkeit. Und ganz, ganz wichtig: Habt's Spaß miteinander! Dann ist im Bett automatisch richtig was los!

VIER ASSE

Eine richtig gute Partnerschaft, die kriegst du nicht an jeder Ecke. Das ist wie bei einem Kartenspiel. Es gibt 32 Karten, aber nur vier Asse.
Auf der Suche nach dem richtigen Partner gehört also ein bisserl Geduld dazu. Verkaufe dich bei einem Flirt niemals unter Wert. Dich für andere zu verbiegen, das bringt gar nix! Wenn du dich unter Druck setzt, merkt das dein Gegenüber sofort! Und einem Verkäufer, der voll unter Druck steht, dem kauft eh keiner was ab.

SEI GUT DRAUF. UND DER REST LÄUFT WIE VON ALLEIN

Jetzt fragst dich sicher: Was soll ich denn machen? Und ich sag dir: Sei du selber. Hab dich richtig gern! Mach dich locker, sei gut drauf! Und der Rest läuft wie von allein! Du bist auch ein Ass, das irgendjemand da draußen sucht.
Dabei ist es voll okay, auch mal ohne Partner zu sein. Da musst du nicht gleich lossprinten, um möglichst fix den Nächsten zu finden. Wenn du dich in aller Ruhe nach einem passenden Partner umschauen möchtest: Geh dahin, wo du echt gern bist. Da wirst du die Menschen treffen, die auch gern dort sind. So habt ihr schon was gemeinsam. Es macht keinen Sinn, wenn du dich bis morgens um vier Uhr in der Disco rumdrückst, wenn du sonst nicht gern tanzen gehst.
Und wenn du beim Flirten merkst, dass es nicht passt, dann lass es! Nicht weiter schlimm, gib dir eine neue Chance. Wenn du auf lange Sicht immer nur unzufrieden bist, wirst du irgendwann unglücklich. Besser keine Beziehung als eine schlechte Beziehung.
Den ultimativen Sex kannst du nur mit dem richtigen Partner erleben! Und dafür lohnt es sich, die Karten so lange zu mischen, bis du dein Ass gezogen hast!

SCHMARRN 7:
Alle sind ausgepowert, weil sie zu viel arbeiten

„Thank god it's friday!" Wie oft hörst du den Sp tags im Büro bist? Wer das sagt, sehnt das Wochenende he den ist Freitag ein guter Tag, weil er ins Wochenende übergeht. Der Montag hat ein ganz anderes Standing. Der steht ganz unten auf der Beliebtheitsskala. Hast schon mal jemanden sagen hören: „Thank god it's monday?" Wahrscheinlich nicht. Warum eigentlich nicht?

Arbeit macht keinen Spaß, das sagen alle Leut. Arbeit ist eine Last. Je mehr du davon hast, desto schlimmer bist du dran. Manchen Menschen ist die Arbeit sogar so lästig, dass sie ihr Gehalt als Schmerzensgeld sehen.

Kein Wunder, dass der Montag schlechte Karten hat. Denn da geht sie wieder los, die Arbeit. Da kneifen alle die Arschbacken zusammen und setzen sich widerwillig in ihre Büros. Gute Laune suchst du an solchen Tagen vergebens. Die Mundwinkel reichen dann ganz oft bis auf den Fußboden. Ab Mitte der Woche bessert sich die Stimmung wieder. Dann zählen die Leute schon wieder die Tage runter bis zum Wochenende.

Glaubst du wirklich, dass viel Arbeit automatisch total fertig macht und wenig Arbeit superglücklich? Was für ein Schmarrn!

WAS POWERT DICH WIRKLICH AUS

Viel Arbeit macht dich nicht automatisch unzufrieden oder krank. Das Pensum ist nicht das Problem. Im Gegenteil. Viel arbeiten ist total okay. Ich arbeite schon mal 70 Stunden in der Woche. Und mir geht's super! Wenn du wissen willst, was nicht okay ist, schau dir deine Arbeit mal genauer an. Der Knackpunkt ist nicht, wie viel du arbeitest, sondern wie du arbeitest.

ICH ARBEITE SCHON MAL 70 STUNDEN IN DER WOCHE. UND MIR GEHT'S SUPER!

Du hast schon wieder den halben Tag in einem nutzlosen Meeting rumgesessen? Jetzt schaffst du das nicht mehr, was du dir eigentlich für heute vorgenommen hast. Oder diese ätzende Stimmung unter den Kollegen. Kein Einziger hat gute Laune. Mann, wie das dir auf die Nerven geht. Du könntest deine Zeit so viel sinnvoller oder freudvoller verbringen.

Merkst du was? Wenn dein Tag so aussieht, dann kommt der Spaß viel, viel zu kurz! Das zieht echt Energie! Klar, in jedem Job gibt's Dinge, die du einfach tun musst. Egal, ob sie dir Spaß machen. Das ist der Unterschied zu deinen Hobbys. Die machen immer Spaß. Blöd wird es nur, wenn du dich ständig mit Dingen beschäftigen musst, die dir gegen den Strich gehen. Oder dir die Kollegen jede Hochstimmung vermiesen. Dann läuft etwas schief. Aber so richtig.

Denn es ist ein echter Energiesauger, wenn du mit Leuten zusammenarbeiten musst, die du nicht magst. Zum Beispiel mit Kollegen, die sich bei allem, was sie tun, fragen: Wie kann ich am meisten für mich rausholen? Die haben nur eins im Blick: ihren Vorteil. Alles andere ist denen egal. Da ist die Unzufriedenheit im Team vorprogrammiert. Dabei ist die gute Stimmung im Team fast die wichtigste Voraussetzung, dass du in deinem Job Spaß hast. Klar, du musst nicht mit jedem Kollegen auch gleich in den Urlaub fahren. Das nicht. Aber wenn du mit jemandem im gleichen Projekt steckst, mit dem du einfach nicht gut kannst, dann zehrt das auf Dauer an dir.

Selbst wenn dir nicht alles an deinem Job gefällt: Tolle Kollegen reißen es raus. Stimmen aber weder Job noch Kollegen, dann sind die acht Stunden Unzufriedenheit täglich vorprogrammiert. Und was passiert dann? Dann sitzt du die 100.000 Stunden bis zur Rente nur ab. Und jede einzelne davon ist verschenkte Lebenszeit!

ARBEIT KANN DICH GUT DRAUF BRINGEN

Eigentlich kann sich das keiner mehr leisten, seine Acht-Stunden-Tage nur so an sich vorbeigleiten zu lassen. Überleg mal. Wie viel Jahre musst du heut arbeiten, bis du in Rente gehst? 30 Jahre? 40 Jahre? Vielleicht kommst erst mit 70 in den Ruhestand. Und wenn du fast dein ganzes Leben mit Arbeit verplemperst, die dich runterzieht, dann ist das ja wohl der Super-GAU, oder? Aber ich hab eine gute Nachricht für dich: Es geht anders!

Ich hör immer wieder: „Toni, du musst dich mehr entspannen! Du arbeitest zu viel." Ich sag dann: „Ich arbeite total gern! Ich hab total Spaß an meiner Arbeit!" Viele glauben das oft gar nicht.

Ich schau ab und zu auf die Health-App auf meinem Handy. Die zeigt mir immer an, wie entspannt mein Herz ist. Und was sagt die mir am Freitag, wenn ich eine Woche lang echt viel gearbeitet hab? Alarmstufe Rot? Kurz vor dem Kollaps? Besser kürzertreten? Nein, überhaupt nicht. Das Gerät sagt, ich bin total entspannt. Cool, oder? Wenn du richtig Gas gegeben hast und weißt, dir geht's super, dann ist das ein geniales Gefühl!

GLAUBST DU, DU BIST GLÜCKLICH, WENN DU GAR KEINEN STRESS HAST? SCHMARRN.

Ich kenn viele Leute, die meinen, Stress ist was Schlimmes. Lieber eine ruhige Kugel schieben. Die schlittern dann völlig unaufgeregt am Nullpunkt entlang durchs Leben. Glaubst du, du bist glücklich, wenn du gar keinen Stress hast? Für mich wäre ein Leben ohne Herausforderung der totale Horror! Da hätt ich den Superstress.

Versuch alles mit 100 Prozent zu machen. Wenn du arbeiten gehst, gib Vollgas. Und wenn du entspannst, dann mach auch das nicht halbherzig – hier mal ein bisschen und da mal ein bisschen. Das klappt nie!

Was meinst du, wann bist du besser drauf am Montagmorgen? Wenn du das ganze Wochenende über nur rumgelegen hast? Oder wenn du am Samstag noch mal richtig was geschafft hast, egal ob Sport, Family oder Arbeit und den Sonntag dann faul am See verbringst? Meine Erfahrung ist, dass derjenige, der noch mal ein intensives Weekend erlebt, mit deutlich mehr Energie in die Firma kommt. Der ist einfach zufriedener mit sich.

Ich will das mit der Entspannung gar nicht schlechtreden. Ich find's total wichtig, auch mal mit was zufrieden zu sein. Oder einfach gar nichts zu tun. Aber das macht eben nur richtig Spaß, wenn du vorher intensiv was getan hast.

WENN DU FÜR DEINEN JOB BRENNST, BRAUCHST DU KEINEN BURN-OUT.

Du musst dem Stress und der Arbeit nämlich gar nicht aus dem Weg gehen, um glücklich zu sein. Im Gegenteil. Arbeit kann dich echt gut drauf bringen. Und zwar dann, wenn sie sich nicht wie Arbeit anfühlt. Wenn du gern zum Telefonhörer greifst und deinen Kunden anrufst. Wenn du dich darauf freust, mit deinen Kollegen zusammen wieder was zu reißen. Dann, wenn du die richtige Tätigkeit, das richtige Team für dich gefunden hast. Wenn Arbeit nicht Pflicht, sondern Erfüllung ist!

Wenn dir dein Job super Spaß macht, dann bringt dir das richtig Energie. Dann bist du wirklich gut in dem, was du machst. Du erntest von den Kollegen, vom Chef und vom Kunden Schulterklopfen. Und teilst diese Anerkennung mit deinem Team.

Das ist das Geilste, was es gibt. Wenn du Anerkennung für das bekommst, was du gern machst, verleiht dir das ein Riesenpaar Flügel. Dann powert dich deine Arbeit super auf.

WIE DU DICH RICHTIG AUFSTELLST

Ich hab auch Arbeiten, die ich halt tun muss, ohne dass ich dabei vor Freude in die Luft springe. Die müssen schlicht erledigt werden. Solche Dinge gibt's in jedem Job. Grad wenn du neu in einen Beruf einsteigst, fehlt dir die Erfahrung. Du suchst noch deinen Weg und erledigst erst mal alles, was auf deinen Tisch kommt.

FINDE DEIN DING UND MACH ES!

Mit der Zeit lernst du, wo deine Stärken liegen. Und je besser du deine Stärken kennst, desto besser richtest du deine Arbeit danach aus. Finde dein Ding und zieh es durch. Du wirst sehen, die Freude am Job kommt zurück. Du merkst, dass du so richtig gut an der Kundenfront bist? Dann sieh zu, dass du dich draußen herumtreibst. Versuch, das runterzufahren, was dir nicht liegt. Und spezialisier dich. Vielleicht hast du einen Kollegen, der als Sachbearbeiter spitze ist und dabei vollkommen aufgeht. Dann könnt ihr beide einen Pakt schließen.

Vielleicht liegt dein Job genau in der Mitte. Du bist ganz zufrieden, aber es könnte besser sein. Irgendwie hängt deine Motivation in den Seilen. Da gibt's nur eins: Geh raus aus dem Jammertal! Mach was draus! Gib alles in deinem Job. Häng dich voll rein. Lob deine Kollegen, so oft du kannst. Schau, dass du Energie gewinnst. Mit Power kannst du dich freischwimmen. Das ist hundertmal besser, als jeden Tag zu hadern, denn das zieht dich nur noch mehr runter. Diesen ganz einfachen Trick kannst du immer anwenden. Wenn du es schaffst, die Einstellung zu deinem Job zu verbessern, findest du im täglichen Aufgabenmix immer etwas, das dein Ding ist und worauf du den Fokus legen kannst.

Manche Dinge, die dir das Arbeitsleben schwer machen, kannst du gar nicht beeinflussen. Vielleicht ist dein Chef ein Choleriker. Oder du hast dich persönlich weiterentwickelt. Dich jeden Tag zur Arbeit zu quälen ist keine Option. Wenn du merkst, dieser Job ist es nicht mehr, dann bereite den Ausstieg vor. Fahr deine Stunden runter, damit du Zeit gewinnst. So kannst du dir was aufbauen, was dir wirklich Spaß macht.

SELBSTMITLEID BRINGT DICH NICHT WEITER. SCHAU, DASS DU ENERGIE GEWINNST.

Wenn du dann den Hauptgewinn gezogen hast und eine Arbeit, die dich erfüllt: super! Da schaust du nicht auf die Uhr und hängst dich natürlich auch voll rein. Bist du dann richtig im Flow und arbeitest, arbeitest, arbeitest, vergisst du schnell alles um dich herum. Wenn du jede Einladung ausschlägst, dann wirst du auch irgendwann nicht mehr eingeladen. Und wenn du immer erst heimkommst, wenn die Kinder schon schlafen, dann kriegst du nichts von deiner Familie mit. Und das ist gefährlich. Das kannst du nie mehr nachholen! Wenn's ganz schlimm kommt, dann stehst du ganz allein da. Glücklich im Job. Aber ohne Freunde und ohne Familie. Was wär das denn für ein Leben?

Gib den wichtigen Dingen bewusst Raum in deinem Leben. Nimm dir Zeit zum Essen. Nimm dir Zeit für Familie und Freunde. Nimm dir ausreichend Zeit zum Schlafen. Und in der Zeit machst du auch nur das. Nix anderes. Wenn du isst, dann isst du. Punkt. Dann checkst nicht nebenbei deine E-Mails. Wenn du Zeit mit deinen Kindern verbringst, dann leg das Handy weg. Mach die Dinge, die du tust, hundertprozentig.

Auch dein Körper braucht bewusste Aufmerksamkeit. Wenn du dauerhaft Vollgas gibst und dauerhaft im oberen Drehzahlbereich fährst, dann macht er irgendwann schlapp.

VERGISS BEI ALLEM SPAẞ DEINEN KÖRPER NICHT.

So wie bei dem Versicherungsmakler, der sich an mich gewandt hat. Der brannte total für seinen Job. Und das Erste, was er mir erzählt hat, war, dass er schon ewig nicht mehr mit seinen Kindern Mountainbike gefahren ist. Der ist um fünf Uhr in der Früh raus, hat den ganzen Tag Vollgas gegeben und sich am Abend dann noch einen Termin reingepresst. So richtig Zeit zum Essen war auch nicht. Dann kommt er spät heim, die Kinder schlafen schon und seine Frau ist stocksauer, dass sie wieder den ganzen Abend allein war. Um Mitternacht fällt er todmüde ins Bett. Das macht auf Dauer kein Körper mit. Wir haben zuallererst mal dafür gesorgt, dass seine Batterien wieder voll waren. Und dann nach und nach die einzelnen Lebensbereiche wieder in die Balance gebracht. Heute fährt er mit seinen Kindern Mountainbike.

Damit du trotz aller Freude an der Arbeit nicht Schaden nimmst, darfst du dein Energielevel nicht aus den Augen verlieren! Definier ganz klar: Wann ist es gut? Wann hab ich mein Arbeitsziel erreicht? Wann nehme ich mir Zeit auszuspannen? Dann hast du einen Körper, auf den du dich hundertprozentig verlassen kannst, selbst wenn du Vollgas gibst.

WELCHE ARBEIT ERFOLGREICH MACHT

Wenn ich jemanden in mein Team hole, was meinst du, nehm ich dann den, der mir ein adäquates Studium und einen aalglatten Lebenslauf vorweisen kann? Nein. Ich nehm den, der ein Strahlen in die Augen kriegt, wenn er Menschen dabei helfen kann, gut drauf zu sein. Ob er Sport studiert hat oder Philosophie, ist mir wurscht. Wichtig ist, dass er für den Job brennt.

So eine Begeisterung findest du am meisten bei Quereinsteigern. Die haben vielleicht ihr Studium abgebrochen oder eine Lehre als Handwerker gemacht. Na und? Solche Leute sind mir viel lieber als die, die ihr Studium wider Willen durchziehen, weil es von ihnen erwartet wird. Oder weil's gut für die Karriere ist. Quereinsteiger suchen sich bewusst einen Weg, der zu ihnen passt. Und dann sind sie in ihrem Job auch goldrichtig.

Ein alter Schulfreund von mir, der ist so ein Quereinsteiger. Dem haben damals in der Schule alle versichert: „Du, mit dem Reden hast du es nicht so. Du wirst sicher mal Sachbearbeiter." Nach der Schule wurde er Sportartikelverkäufer. Sogar ein recht guter. Dann fing er plötzlich an, sich für Medizin zu interessieren. Das war nicht nur so ein Hobby. Nein, es hatte ihn wirklich gepackt. Und so hat er neben seinem Job ein Medizinstudium gestartet. Er hat jeden Euro seiner Provision beiseitegelegt, um sein Studium zu finanzieren. Er hat ohne Ende gelernt, ganze Nächte durch. Und heute hat er es geschafft. Der Schüler von damals, dem alle nur einen simplen Job zugetraut haben, ist heute einer der gefragtesten Ärzte des Landes!

WER SPITZENLEISTUNGEN WILL, DER MUSS AUCH SPITZENMÄßIG TRAINIEREN.

Richtig gut in deinem Job bist du nur, wenn du etwas tust, was dir Spaß macht. Klar, nur dann kannst auch gute Ergebnisse erzielen. Aber, hey, auch wenn du leidenschaftlich bei der Sache bist, brauchst du nicht zu denken, dass dir der Erfolg mir nix, dir nix in den Schoß fällt. Nein! Spitzenleistungen erreichst du nur, wenn du spitzenmäßig trainierst!

Das machen aber die wenigsten. Ganz einfach, weil sie nicht nach Ergebnissen, sondern nach Arbeitszeit bezahlt werden. Du kriegst dein Geld nach acht Stunden, ob du nun den Kunden gewonnen hast oder nicht. Ich bin sicher, die Leute wären viel erfolgreicher, wenn Ergebnisse wirklich eine Rolle in ihrem Arbeitsleben spielen würden.

Denk mal an Olympia. Wer da aufs Treppchen will, muss superhart trainieren. Und wieso soll das bei der Arbeit ganz anders sein? Denk lieber nicht, dass du einen Anspruch auf Erfolg hast. Nur weil du deinen Uni-Abschluss in der Tasche hast und schon ein paar Jahre im Job bist. Da wirst du mit der Zeit automatisch immer besser und du hast dir deine Beförderung redlich verdient. Schmarrn! Im Sport musst du hart trainieren, um besser zu werden. Und im Job ist das genauso. Willst du vorankommen? Dann investier Zeit und Energie in das, was du gern machst!

TEIL 2:

WARUM ES SO WICHTIG IST, MIT DER RICHTIGEN EINSTELLUNG **GUT DRAUF ZU SEIN**

1 SEI GLÜCKLICH WIE EIN ROLLSTUHLFAHRER

2.000 Höhenmeter überwindet Reini mit seinem Bike. Locker. Und auf der Wahnsinnsabfahrt rast er mit einem Affenzahn an den Autos vorbei! Da krieg sogar ich große Augen.
Reini ist einer meiner besten Spezl. Und super drauf. Wenns im Winter mit dem Radeln nicht geht, gibt er Fahrsicherheitstrainings auf Eis und Schnee oder ist auf der Suche nach dem schönsten Pulverschnee. Der Typ hat eine Energie, da zieht's dir echt die Schuhe aus! Wenn ich mit dem zusammen bin, lädt sich mein Akku automatisch auf. Seine Lebensfreude reicht für zwei!
Wenn du das so hörst, was denkst du dann über Reini? Woher holt der seine Energie und Lebensfreude? Glückliche Familie, Sporttalent, eine steile Karriere? Eines denkst du dir wahrscheinlich nicht: Reini sitzt seit 20 Jahren im Rollstuhl.

Im Winter 1996 hat Reini Sampl einen schweren Ski-Unfall. Der sofort verständigte Hubschrauber bringt den verletzten Sportler ins Krankenhaus. Noch auf der Intensivstation wird er mit der Diagnose konfrontiert: Querschnittslähmung ab dem zwölften Brustwirbel. Er ist den Rest seines Lebens auf einen Rollstuhl angewiesen. Ende. Aus. Nie wieder Ski fahren. Moment mal! Nie wieder? Nicht mit Reini! Der sagt heute: „Der glücklichste Tag in meinem Leben war der Tag meines Unfalls. Seitdem weiß ich, wie schön das Leben ist!"

Und weißt was? Der Reini ist seitdem ein anderer Mensch. Der hat unglaublich Power! Von Menschen wie ihm können du und ich einiges lernen.

DAS GLÜCK IM UNGLÜCK SEHEN

Weißt du, was Reini als Erstes gemacht hat, als er aus dem Krankenhaus kam? Er hat sich eine Liste geschrieben mit den Dingen, die er nicht mehr tun konnte. Aber die war nicht sehr lang. Im Gegenteil! Da standen nur einige wenige Punkte drauf, zum Beispiel: „Ich kann nicht mehr mit meinem Mädl am Sandstrand spazieren gehen“ und „Ich kann keinen Marathon laufen. Macht aber nichts, das hat mich vorher auch nicht gereizt.“

Und dann hat er eine zweite Liste gemacht – eine Liste mit den Dingen, die er tun kann und die er anpacken will. Ich sag dir, die war lang! Ganz oben stand: „Ich will wieder Ski fahren!“

Bei einem Punkt auf der Liste hat's mich umgehauen. Da stand ohne Schmarrn: „Die Rallye-Meisterschaft mitfahren.“ Klar, ich wusste, dass er für den Motorsport schwärmt. Nur, in seiner Verfassung war das schon ein heftiges Ziel. Aber tatsächlich, Reini baute sein Auto für seinen Traum um! Er dachte gar nicht erst daran zu kneifen. Da gab es jetzt einen Haufen Dinge, die er umsetzen wollte. Um jeden Preis. Und er freute sich hammermäßig darauf!

Merkst was? Wenn dir was Schlechtes passiert, dann kannst du dir entweder das Ende der Welt ausmalen oder du machst es wie der Reini und schiebst den Scherbenhaufen zur Seite: Mal schauen, was jetzt so geht. Was kann ich draus machen?

Nein, ich mein natürlich nicht, dass du auf so einen Schicksalsschlag hoffen sollst. Das wäre ja verrückt. Aber ich sag dir: Wenn mal was nicht so rundläuft bei dir, zieh nicht gleich die Rollläden runter, sondern mach das Beste draus! Ob du glücklich bist oder nicht, ist nämlich Einstellungssache. Der Punkt ist auch hier, mit welcher Haltung du durchs Leben gehst. Fühlst du dich als Pechvogel, wenn dir der Zug nach einem Business-Termin mal wieder vor der Nase weggefahren ist? Oder siehst du das als eine prima Gelegenheit, entspannt durch die Fußgängerzone zu schlendern? Vielleicht ist das die Chance, deine Kollegin endlich auf einen Kaffee einzuladen?

Ob das jetzt der verpasste Zug ist, deine Freundin mit dir Schluss macht oder du einen schlimmen Unfall hast – in jeder Sache im Leben steckt was Gutes! Ein Sprichwort sagt: „Wo sich ein Fenster schließt, geht eine Tür auf.“ Du musst nur offen dafür sein und die Tür auch finden wollen. Glücklich kannst in jeder Lebenslage sein. Entscheidend dafür ist, aus dem Schlechten das Beste zu machen. Such die bunten Scherben, wenn dir das Leben um die Ohren fliegt.

SUCH DIE BUNTEN SCHERBEN, WENN DIR DAS LEBEN UM DIE OHREN FLIEGT.

Ärger dich doch nicht mit Zielen rum, die du im Moment nicht erreichen kannst. Wenn ich mit Leuten red, erlebe ich immer wieder, dass sie am Unmöglichen festhalten. Vier Wochen Tauchkurs in der Karibik? Mit zwei Kleinkindern? Eher schwierig. Hey, das ist doch völlig okay. Dann schieb die Karibik halt erst mal beiseite und mach stattdessen einen Anfängerkurs übers Wochenende. Die werden auch in deiner Nähe angeboten. Die Reise kannst du später immer noch nachholen. Sieh zu, dass deine Wünsche im Bereich des Möglichen sind! Sonst bist ja nur noch frustriert!
Konzentrier dich auf die Träume, die du umsetzen kannst. Schau dir an, was du hast und was möglich ist. Und dann häng dich mit voller Kraft rein.

JAMMERN NUR, WENN ES SICH LOHNT

Na, heut schon übers Wetter geärgert? Oder im Stau vor dich hin geflucht? Nein? Sauber! Da bist du die Ausnahme. Viele, die ich treff, sind andauernd im Jammermodus. Entweder die Sonne blendet beim Arbeiten oder der graue Himmel ist an ihren Kopfschmerzen schuld. Ja, und ach, das Fußballspiel gestern Abend war mal wieder die reinste Katastrophe. Und wenn ihnen grad nichts anderes einfällt, dann wird sich eben an dem Dauerbrenner-Meckerthema bedient: der nervtötenden Baustelle im Nachbargebäude.

Es ist schon ein bisserl deppert, worüber wir den lieben langen Tag jammern! Hör mal genauer hin. Du wirst schnell feststellen, wie unwichtig diese negativen Dinge eigentlich sind. Nix davon kratzt an deiner Existenz. Wenn du im Stau stehst, hast du trotzdem noch genug zu essen, ein Dach über dem Kopf und Geld in der Tasche, oder? Und wenn dein Verein verliert, ist das echt blöd, ja. Aber das sind Luxusproblemchen, die dir im Grunde gar nicht wehtun. Jammern auf hohem Niveau.

DU STEHST IM STAU. OB DU GRANTELST ODER NICHT.

Warum über Dinge granteln, auf die du gar keinen Einfluss hast? Die Baustelle ist da. Aber geht die davon weg, dass du dich drüber aufregst? Nein.

Wenn du dich über Kleinigkeiten aufregst, die du nicht ändern kannst, verschwendest du einen Haufen Energie. Und wozu? Das zieht dich doch nur runter. Ich hab noch niemanden getroffen, der Lebensfreude und Kraft gewonnen hat, indem er in einer Tour vor sich hin maulte. Du vielleicht?

Es spielt keine Rolle, ob es nun das schlechte Fußballspiel, die nervige Baustelle oder das miese Wetter ist – das kannst du alles super ausblenden. Denn das ist alles draußen. Und du entscheidest letztendlich, wie dein Inneres diese Informationen aufnimmt. Du hast die

Wahl: Lässt du dir von den dunklen Wolken die Laune verderben oder tanzt du durch den Regen? Ich rat dir: Konzentrier dich auf die positiven Seiten des Lebens. Du allein hast es in der Hand, ob du dir deine gute Laune verhagelst oder nicht.
Meine Erfahrung ist: Wenn du deine Energie nicht mit Jammern verschwendest, bist du viel besser dran. Dann hast du nämlich genug Power für all die super Sachen, die du machen willst und machen kannst.
Weißt, wen ich noch nie jammern gehört hab? Meinen Freund Reini. Der sagt mir: „Seit dem Unfall schätze ich jeden Tag, wie geil das Leben ist!"

MACHEN STATT REDEN

Manchmal ertapp ich mich selber dabei, wie ich Dinge vor mir herschieb. Seit Jahren nehm ich mir vor, mal wieder Beachvolleyball zu spielen. Und hab ich das bisher gemacht? Nein.
Ich könnt dir jetzt aus dem Stegreif 100 Leute aufzählen, denen es ganz genauso geht. Ich kenn einen, der träumt davon, Reisejournalist zu werden. In seiner Schublade schlummert schon länger ein unfertiger Reisebericht über Südafrika. Irgendwann wird er den schon fertig machen und verschicken. Und dann rückt der Traum vielleicht ein bisschen näher. Später. Vielleicht. Irgendwann. Und dazwischen fallen ihm bestimmt 1.000 Ausreden ein, warum jetzt kein guter Zeitpunkt ist, den Bericht an die Redaktion zu schicken.
Diese oder ähnliche Symptome kennst du auch, oder? Wie gesagt, ich nenn das „Morbus Aufschieberitis". Eine Volkskrankheit: Reden über Dinge, die wir gern mal tun wollen. Stundenlang reden, reden, reden. Aber nie tun. Den Flugschein machen. Die Nachbarin endlich zum Essen ausführen. Die Reise nach China verwirklichen. Den Job wechseln. Um die Hand der Liebsten anhalten.

Der Reini allerdings ist seit seinem Unfall resistent gegen diese tückische Aufschieberitis. Der schiebt nix mehr auf. Der macht einfach. Wenn der einen Wunsch hat, überlegt er sich, wie er ihn umsetzen kann – und dann legt er los. Und wenn es nicht klappt? Dann lässt er eben wieder von dem Wunsch ab. Sofort. Er denkt nicht ewig drüber nach oder ballt die Faust über die Ungerechtigkeit der Welt. Er versucht dann auch nicht, sein Ziel mit 20 Prozent Energie doch noch irgendwie zu erreichen. Nein. Er gibt einmal 100 Prozent. Und wenn's nicht klappt, dann packt er die 100 Prozent Energie wieder in die Tasche. Und steckt sie dann ins nächste Projekt. Klappe zu, Affe tot. So bleibt nix offen. Weißt du, wie sehr diese offenen Enden nerven? Wie sehr unerfüllte Wünsche an dir nagen können? Ständig sind sie hinter dir her und klopfen an deine Tür. Und du schaust immer wieder in den Spiegel und musst dir eingestehen, dass du sie noch immer nicht in Angriff genommen hast. Meinst nicht auch, dass das total unnötig ist?
Reini tut alles, damit jeder Tag sein Tag wird. Er verschenkt keine Lebenszeit, weil er erfahren hat, wie kostbar das Leben ist. Als der Reini damals bei dem viel zu weiten Sprung ins Flache sein Rückgrat brach, da hat er riesiges Glück gehabt. Der Sturz hätte tödlich ausgehen können. Seit diesem Tag ist ihm klar, wie schnell das Leben zu Ende sein kann! Also nutzt er jeden Moment.

PRIORITÄTEN KNALLHART SETZEN

„Lebe jeden Tag, als ob es dein letzter wäre." Das ist Reinis Motto. Und genau das lebt er auch. Wenn du weißt, dass im Leben kein Tag selbstverständlich ist, dann lebst du ganz anders. Dann setzt du deine Prioritäten. Knallhart. Du spürst, in diesem Job geht für dich nix mehr? Dann bau dir was Neues auf! Du wolltest schon immer nach Kanada? Dann buch das Ticket. Pack die superwichtigen Dinge in deinem Leben mit voller Kraft an. Und streich die unwichtigen Sachen auf deiner Liste einfach weg. Dafür ist deine Zeit viel zu schade.

MACH DIR KLAR, DASS DAS LEBEN ENDLICH IST.

So zu denken, das kriegen nur ganz wenige hin. Aber wenn dir das gelingt, bist du super drauf! Da hast einen klaren Vorteil im Leben! Ich kenne sehr viele Leute, die ihr Leben mit Nichtigkeiten verplempern. Auch ein Bekannter von mir: Er hat ein eigenes gut gehendes Café. Er arbeitet wie verrückt. Und er liebt diese Arbeit. Aber ewig will er schon nach Schweden fahren. Seinen großen Traum verwirklichen: einmal durch die Fjorde paddeln. Das wünscht er sich seit seiner Kindheit, und jedes Mal, wenn wir uns treffen, schwärmt er davon. Dabei sieht man ihm an, wie hammerunglücklich er ist, weil er den Traum nicht schon längst in die Hand genommen hat. Und wenn du ihn fragst, warum er noch nicht da gewesen ist, sagt er: „Ich kann doch mein Café nicht einfach so allein lassen!“

Das stört mich brutal, wenn ich so eine Geschichte höre. Der ist total unglücklich, weil er nicht nach Schweden kann. Die Wahrheit ist aber: er kann es! Er setzt nur seine Prioritäten falsch! Steht das Café nun bewusst auf Platz eins in seinem Leben? Dann braucht er Schweden keine Träne nachzuweinen. Wenn aber Schweden ganz oben auf der Liste steht, sollte er schleunigst an einem Plan arbeiten, wie er dorthin kommt.

Prioritäten setzen ist die eine Sache. Wenn du weißt, was dir wichtig ist, bist du auf einem guten Weg. Aber das ist noch nicht alles. Du musst auch aus deiner Tretmühle raus. Das braucht Mut. Und zwar eine ganze Menge.

Auch das richtige Umfeld spielt eine Rolle. Wenn du nur Leute um dich herum hast, die nicht ins Tun kommen, ist das zwar bequem. Aber es wird dich nicht weiterbringen. Mein Tipp: Fang an, die Zahl der Leute zu reduzieren, die dir nicht guttun. Umgib dich lieber mit Menschen, die dort schon sind, wo du noch hinwillst. Lass dich von ihrem Spirit anstecken.

SICH UNABHÄNGIG MACHEN

Und, was machst am Wochenende? Eine ganz einfache Frage, oder? Aber wenn ich so rumfrage, dann krieg ich so gut wie nie eine konkrete Antwort. Dann kommt immer so was wie: „Muss mal schauen, wer so da ist“ oder „Mal sehen, was die anderen machen“. So, als hätten die Leut keinen eigenen Willen.

Machst du dich auch oft abhängig von anderen? Dann gehst du nur zu dem Seminar, wenn der Kollege auch mitkommt. Oder du kannst am Wochenende nur Spaß haben, wenn die Freunde da sind. Schmarrn! Du allein entscheidest, was du tun willst. Wenn sich jemand findet, der mitmacht, schön! Wenn nicht? Auch gut.

Du kannst nicht befehlen, dass deine Freunde gefälligst parat stehen am Wochenende, damit ihr losziehen könnt. Die haben schon ihre eigenen Pläne. Logisch. Wenn du Spaß haben willst, dann wirst du eine andere Möglichkeit finden. Auch ohne die.

Dann gehst halt mal nicht in den Laden, wo ihr sonst immer seid. Jetzt kannst du endlich den coolen Club checken, der vor Kurzem aufgemacht hat. Mal ganz allein neues Revier abstecken. Super, oder? Und wenn du gut drauf bist und Spaß haben willst, dann wirst du auch welchen kriegen. Ob du tolle Leute kennenlernst und eine super Zeit hast, entscheiden nämlich nicht die, mit denen du am Abend losziehst. Das entscheidest immer du! Und wenn der Club der Hammer ist, dann hast du sogar ein neues Pflaster für das nächste Mal mit deinen Freunden aufgetan.

WENN DU SPASS HABEN WILLST, DANN WARTE NICHT AUF ANDERE. HOL IHN DIR.

Wenn der Reini am Wochenende biken will und keiner kommt mit. Meinst, der bleibt daheim und schiebt sich eine Pizza in den Ofen? Ganz sicher nicht. Der rollt allein los.

Das heißt jetzt nicht, dass du auf deine Freunde pfeifen sollst. Absolut nicht. Freunde und Familie sind das Wichtigste im Leben! Und die sollst auch pflegen. Du brauchst aber nicht gleich auf deine Wünsche verzichten, nur weil deine Freunde die grad mal net mit dir teilen. Sei unabhängig. Mach dein eigenes Ding!

2 DENKE NICHT MEHR WIE GESTERN, WENN DU ERFOLGREICH SEIN WILLST

Ich kenn einen Mann, der hat sich seinen Traum erfüllt. Morgens nach dem Aufwachen geht er barfuß aus dem Haus. Pudelnackert. Nur ein paar Schritte bis zum See. Da nimmt er Anlauf und hupft mit einem Satz vom Steg ins klare Wasser. Genussvoll zieht er seine Runden, bevor er ans Ufer zurückschwimmt. Für ein paar Minuten bleibt er tropfnass stehen. Die Ruhe um ihn herum ist großartig! Dann streckt er sich ordentlich, freut sich auf sein Frühstück mit einem guten Kaffee sowie frischem Obst und genießt den Seeblick. Und so startet er in den Tag. Mit einem Haufen Energie!

Was meinst du? Dieser Mann ist glücklich, oder? Sauber, so ein Häusl am See und Zeit zum Schwimmen am Morgen! Da kannst schon mal neidisch werden. Und dich fragen: „Wie hat der das geschafft?“ Und weißt was? Die Antwort ist ganz einfach: Der hat Erfolg! Erst mal bei der Arbeit, klar! Beim Gedanken daran grault's ihn nicht! Der hat so richtig Freude an seinem Job. Das ist es, was ihn so weit gebracht hat! Und weil er gut verdient, kann er für den Erfolg in den anderen Lebensbereichen sorgen. So kann er sich seinen persönlichen Traum vom Haus am See leisten. Dieser Rückzugsort gibt ihm neue Kraft. Das macht ihn noch glücklicher, ausgeglichener und – erfolgreicher.

Erfolg bedeutet für mich nicht entweder wirtschaftlich oder privat erfolgreich zu sein. Das ist viel zu einseitig. Wenn du nur auf einem Bein stehst, fällst du irgendwann mal um. Erfolg bedeutet wirtschaftlich und privat Erfolg zu haben.

Und weißt du, was das Beste ist? Auch du kannst deine Träume erfolgreich verwirklichen! Deine beruflichen und alle anderen. Dafür musst du nur ein bisserl umdenken. Sodass der Spaß dabei an erster Stelle steht!

ERFOLG GEGEN SPAß

Denkst du auch, du musst auf Spaß verzichten, wenn du Erfolg haben willst? Ich kenn viele, die so denken und reden, aber das ist ein rechter Schmarrn! Dahinter steckt die veraltete Denkweise: Entweder du haust richtig rein, hast Erfolg und verdienst einen Haufen Geld. Hast aber keine Gelegenheit, das Verdiente zu genießen. Dann wird's nix mit Spaß. Oder du nimmst dir mehr Zeit dafür, Spaß zu haben. Aber dann fehlt dir das Geld. Entweder – oder. Ich sag dir was: Wenn du nach diesem uralten Modell lebst und arbeitest, wirst nie glücklich!
Du musst sauber umdenken, um wirklich Erfolg zu haben. Schüttel das Gefühl ab, dass du deinen Spaß für den Erfolg hergeben musst! Spaß und Erfolg schließen sich nicht aus! Sie bedingen sich sogar. Am besten ist es, du verschweißt beides ganz fest miteinander. Dann merkst du gar nicht mehr, dass du arbeitest! Wenn du in deiner Arbeitszeit glücklich bist, dann hast Freude. Und bist obendrein noch erfolgreich damit! Du bekommst Geld dafür, dass du Spaß hast! Ist das was?
Wenn du langfristig glücklich sein willst, musst du auch im Job Spaß haben! Und glaub mir: Das geht! Du musst nur in ein paar Bereichen umdenken. Trau dich, neue Wege zu gehen, die dich zum Erfolg führen. Diese Wege bin ich auch gegangen und ich sag dir: Ich bin superglücklich!

WENN DU LANGFRISTIG GLÜCKLICH SEIN WILLST, MUSST DU AUCH IM JOB SPAß HABEN!

WIE ERFOLG FRÜHER FUNKTIONIERTE – UND WIE JETZT

Glücklich sein im Job – das ist sauwichtig! Dabei spielt es keine Rolle, ob du ein eigenes Unternehmen führst oder in einem arbeitest. Wenn du deine Arbeit mit Leidenschaft machst, denkst du automatisch wie ein Unternehmer! Und dieses Denken bringt dich voran! Das bedeutet nämlich: Du willst, dass die Firma, für die du arbeitest, erfolgreich ist. Und allein diese Denkweise gibt dir fünffache Power bei der Arbeit!
Keine Angst, ich bet dir hier jetzt keine Erfolgsmodelle vor. Das ist nicht mein Ding. Aber ich geb dir ein paar kleine Tipps, wie du diese Power grundsätzlich am besten bei der Arbeit einsetzen kannst.
Vor allem reicht es heut nicht mehr aus, stumpf Prozesse abzuarbeiten. So einen Stiefel können sich heute höchstens noch einige Behörden und Schulen leisten. Die Behörden laden dich vor, lassen dich endlos warten und schieben dir dann grantig allen möglichen depperten Papierkram rüber. Den darfst du dann für sie erledigen. Dann wirst du noch mal kräftig angeraunzt und gnädigst wieder in die Freiheit entlassen. Stell dir mal vor, die wären finanziell von dir abhängig! Was glaubst du, wie anders die dich dann behandeln würden? Oder überleg mal, wie die Leistungskurve eines Lehrers nach oben ginge, wenn der nach dem Erfolg seiner Schüler bezahlt würde. Der würde sicher nicht mehr stur die Unterrichtsstunden abziehen! Der würde sich voll reinhängen und die Schüler würden automatisch mitmachen! Wenn die in der Schule so arbeiten würden, das wäre der Oberhammer! Und wenn eine Firma heute ihre Kunden so behandeln würde wie manche Behörden uns Bürger und die Schule ihre Schüler – da würden die Kunden aber geschwind Reißaus nehmen!
Heut hängt Erfolg vielmehr davon ab, wie erfolgreich du deinen Kunden machst. Wenn dein Kunde glücklich ist, bist du auch glücklich und erfolgreich. Das zu erleben ist total spannend!

DEIN ERFOLG HÄNGT VOM ERFOLG DEINES KUNDEN AB.

Schon als das mit meiner eigenen Firma losging, hab ich mich für die simple Strategie entschieden: Der Erfolg meines Kunden gehört in den Mittelpunkt. Damals hab ich Manager zu mir geholt. Die hatten etliche Kilos zu viel und waren völlig ausgebrannt. Zehn Tage waren sie bei mir und danach wieder rundum fit. Ich hab sie am Anfang vor die Wahl gestellt: „Willst du heute den normalen Stundenpreis zahlen oder lieber am Ende – unter der Voraussetzung, dass du glücklich und zufrieden bist – pro verlorenem Kilo das Doppelte?“

Was meinst, was haben die für eine Option gewählt? Klar, die zweite. Allesamt haben sie auf den gemeinsamen Erfolg gesetzt. Wenn sie mit den zehn Tagen zufrieden waren, hatte ich doppelt was davon. Und das Schöne war: sie auch!

Das hat so einen Spaß gemacht! Du kannst einen Kunden nur für etwas begeistern, das dir auch Freude bereitet. Vergeude nicht deine Energie mit Dingen, die du nur so lala erledigst. Dass du alles können musst, um erfolgreich zu sein, wurde dir schon auf der Schulbank eingetrichtert. Für einen guten Notendurchschnitt, da musst angeblich in allen Fächern glänzen. Das ist totaler Schmarrn!

Da draußen gibt's so viele Möglichkeiten. Such dir was aus, was dir Spaß macht, und dann häng dich rein in deine Stärken. Bau sie aus. Werd der Beste darin! Und was übrig bleibt? Das gibst du halt an diejenigen, die es besser können als du.

Und wenn du was richtig draufhast – super! Dann teil dein Wissen mit deinen Kollegen! Was glaubst, wie ich mich damals über meinen Banknachbarn in der Schule geärgert habe. Wenn der sein Federmapperl so zwischen uns gestellt hat, dass ich keinen Blick auf sein Heft werfen konnte. Dabei hätte ich ihn umgekehrt locker abschauen lassen. Der war einfach ein Englisch-Ass – dafür war ich in Mathe besser. Wir hätten ein prima Team bilden können. Aber nix da, er wollt alles für sich behalten!

LERNE, DEIN WISSEN ZU TEILEN!

Wissen zurückzuhalten, um einen Vorteil gegenüber anderen zu haben – das ist im Arbeitsalltag total verbreitet. Was da für Energie vergeudet wird! Das stört mich brutal. Dabei ist ein Team, das Informationen miteinander teilt, doch so viel besser als ein Einzelner!
Eigentlich sind das dodleinfache Prinzipien. Warum die nicht jeder schon gecheckt hat, ist mir ein Rätsel. Aber ich rat dir, nutz dieses Wissen! Dann bist klar im Vorteil.

WIE DAS EIGENE UNTERNEHMEN HEUTE FUNKTIONIERT

Meist hält die Leut ein einziges Argument davon ab, ein eigenes Unternehmen zu gründen: Die denken, sie brauchen einen Batzen Geld. Schmarrn! Ich sag nicht, dass du keine Kohle brauchst. Aber um dein Produkt unter die Leut zu bringen, musst nicht erst Tausende Euros in teures Werbezeugs pumpen! Viel zu viele Menschen geben dafür Massen an Geld aus.
Ich weiß nicht, wie es dir geht, aber ich geb nix auf Werbung. Null. Ist doch klar, dass die Firmen ihre Produkte in den Himmel loben. Am besten ist, du machst dir als Kunde dein eigenes Bild. Und wenn du dann zufrieden bist, vertraust auch dem Produkt. Und dann erzählst du deinen Spezln davon. Das ist echt das beste Marketing! Ich selber frag auch meine Freunde, was sie von einer bestimmten Sache halten. Die erzählen mir nämlich nicht so einen Schmarrn wie die Werbung. Und die Fehler, die sie gemacht haben, die muss ich doch nicht noch mal machen.
Genau darauf wird es in der Wirtschaft zukünftig immer mehr ankommen. Du brauchst nicht für dein Produkt zu werben. Das ist für die Katz. Du musst es vielmehr schaffen, dass die Kunden zufrieden

sind und dir vertrauen. Wenn du das hinkriegst, was meinst du, wie die loslaufen und ihren Freunden und Bekannten davon erzählen?
Ich hab deshalb nie Flyer ausgelegt. Nie. Meine zufriedenen Kunden und Geschäftspartner haben einfach weitererzählt, wie gut es ihnen geht. Was meinst du, was passiert ist? Die neuen Kunden kamen von ganz allein. Ohne dass ich auch nur einen Cent für Werbung ausgeben musste. Ich habe mich natürlich für die Empfehlungen auch bedankt, doch den Ausschlag dafür gaben der nachhaltige Erfolg und das dadurch entstandene Vertrauen.
Und Vertrauen gewinnst du nicht, nur weil du verdammt gut reden kannst. Und deine Kunden zu überreden versuchst, dein Produkt zu kaufen. Denn dann kommen die gar nicht dazu, Fragen zu stellen. Klar, als Arbeitnehmer kann es dir schon mal passieren, dass du nur mittelmäßig überzeugt bist von dem Produkt, das du verkaufen sollst. Da fängst du schon mal mit dem Überreden an. Auf lange Sicht geht der Spaßfaktor aber so auf null. Und das merken deine Kunden und dann wird das nix mit dem Erfolg. Nicht für deine Firma und nicht für dich.
Wenn du etwas verkaufen willst, brauchst du also zuallererst ein Top-Produkt. Ein Produkt, von dem du überzeugt bist. Du und natürlich deine Kunden! Der kundenrelevante Nutzen ist superwichtig. Wenn du mit so einem Produkt losgehst, brauchst du auch niemanden mühsam zu überzeugen. Da hast deinen Kunden gut zugehört und weißt, was sie brauchen. Und genau das gibst du ihnen. So einfach geht das. Dafür brauche ich keine Modelle, Analysen oder wilde Marketingstrategien.
Setz dir die Kundenbrille auf! Dann wird dein Produkt auch nicht zum Ladenhüter. Weißt du, wie es bei mir gelaufen ist? Ich hab gemerkt: Wenn ich jedem eine Portion Krafttraining verkaufen will, funktioniert das nicht. Jeder weiß zwar, dass Krafttraining gut und wichtig ist. Es macht aber nun mal keinen Spaß. Also muss ich etwas verkaufen, das meinen Kunden genau diesen Spaß gibt. So haben wir die elektrische Muskelstimulation für unsere Kunden entwickelt.

Es funktioniert kurz und knackig. Irgendwann hab ich von meinen Kunden gehört, dass sie gern in ihrer eigenen gemütlichen Umgebung trainieren würden. Und ich hab sofort reagiert: Heut liefern wir die Geräte auch nach Hause.

HÖR DEM KUNDEN ZU! DANN WEIẞT DU AUCH, WAS ER BRAUCHT.

Die Bedürfnisse meiner Kunden zu befriedigen ist mir viel wichtiger, als einen Vertrag nach dem anderen abzuschließen. Überhaupt: Verträge sind so eine Sache! Oder unterschreibst du gern Verträge mit einer Mitgliedschaft von 24 Monaten? Also ich nicht. Ich will flexibel bleiben und mich jederzeit für oder gegen ein Produkt entscheiden dürfen. Ich glaub, dass feste Verträge generell ein echtes Auslaufmodell sind. Wenn dein Produkt so gut ist, dass dein Kunde begeistert ist, kommt er sicher wieder. Dann brauchst ihn gar nicht vertraglich zu binden.

ICH GLAUB, DASS FESTE VERTRÄGE EIN AUSLAUFMODELL SIND.

Wenn du zuerst und zuletzt und überhaupt immer an deine Kunden denkst, dann ist Selbstständigkeit ganz unkompliziert und kein so großes Ding, wie sonst alle immer tun. Probier es halt mal aus! Mit deinem eigenen Unternehmen bist du total unabhängig und kannst selber für deine Rente sorgen, anstatt dich immer auf andere zu verlassen. Wenn du – so wie ich – dein eigenes Unternehmen gründest, dann hast du den klaren Vorteil, dass du Entscheidungen selber treffen kannst: Du bist dein eigener Boss. Und ich sag dir: Das fühlt sich echt geil an!
Und wenn du dann darauf schaust, dass deine Kunden mit dir und deinem Produkt stets zufrieden sind, lebst du schon heute das Empfehlungsmarketing von morgen.

WARUM SO WENIG MENSCHEN SELBSTSTÄNDIG SIND

Selbstständig können in meinen Augen aber nicht nur Menschen sein, die ihr eigenes Unternehmen führen. Es ist vielmehr das unternehmerische Denken, was jeden von uns zu selbstständigen Menschen macht und vorantreibt. Und unternehmerisch denken – das kann jeder!

Vor Kurzem hab ich mich mit einem Bekannten unterhalten. Er klagte mal wieder darüber, dass er in seiner Firma überhaupt nicht vorankommt. Dabei gibt er doch dauernd Vollgas. Doch mit der Beförderung will es einfach nicht klappen. Solche Gespräche führe ich öfter. Bei dem einen ist es der Chef, der ihm immer wieder einen Knüppel zwischen die Beine wirft. Bei dem anderen ist es der komische Kollege, der ständig blockt.

Aber weißt was? Im Grunde ist keiner von beiden schuld. Denn nur du selber bist verantwortlich für das, was du tust. Deine Gedanken entscheiden, welche Richtung du einschlägst. Und wenn du immer nur in alten Mustern denkst, dann kann nix Taufrisches dabei herauskommen. Logisch, oder? Schmeiß die alten Glaubenssätze einfach mal über Bord, wirst sehen, wie befreiend das ist.

DER ERFOLGSVERHINDERER SIND DEINE GEDANKEN, NICHT DIE ANDEREN LEUTE.

Warte nicht darauf, dass dir jemand sagt, was du zu tun hast. Warte nicht darauf, dass jemand nett zu dir ist. Sei als Erster freundlich. Nimm dein Glück selber in die Hand!

Weißt, wenn ich Leute darüber jammern höre, dass die Rente nicht ausreicht, dann denke ich nur: He, sieh zu, dass du was tust! Wenn du dich nicht selber um deine Finanzen kümmerst, dann brauchst dich auch nicht zu wundern, dass die Rente am Ende nicht reicht.

Also leg los! Schau, wo Chancen auf dich warten! Und wenn du was Neues anfängst, dann ist es wichtig, dass du immer mit Herzblut dabei bist. Sonst wird's nicht klappen. Nur mit Herzblut bist du kreativ. Nur mit Herzblut wirst du mehr tun, als nur die Arschbacken zusammenzukneifen.

Eine Chance steckt auch darin, dass du einfach mal nett bist zu den Kollegen, die sich dir gegenüber immer so grantig geben: Die werden ganz schön überrascht sein. Und wer weiß: Vielleicht werden die dann auch auf einmal nett.

Und noch was: Leg deine Uhr ab! Warum? Na, wie sieht ein normaler Arbeitstag denn aus, wenn du Dienst nach Vorschrift machst? Du kommst ins Büro. Spätestens nach einer Stunde schaust du das erste Mal auf die Uhr. Zeit für eine Kaffeepause. Dann schlenderst du in die Teeküche. Zwei Stunden später. Da schaust wieder auf die Uhr. Noch eine halbe Stunde, dann kannst du in die Kantine gehen. Und dann sind es nur noch vier Stunden bis zum Feierabend. Gott sei Dank!

Merkst was? Wenn du so arbeitest, kannst du gar keinen Spaß haben! Dann quälst du dich von Stunde zu Stunde. Auf Erfolg brauchst du dabei gar nicht erst zu hoffen – ob als Unternehmer oder als Angestellter in einem Unternehmen.

SCHAU DICH UM!

Wer hätte vor zehn Jahren gedacht, dass die Firma, die die meisten Hotelübernachtungen weltweit verkauft, kein einziges Hotel besitzt? AirBnB lässt grüßen. Oder denk mal an Tesla. Die höchstgehandelte Automarke. Wusstest du, dass die kein einziges Auto selber herstellen?

SCHAU MAL HOCH VOM SCHREIBTISCH!

Wenn du erfolgreich sein willst, dann schmeiß den alten Stiefel weg! Schau mal hoch vom Schreibtisch. Was tut sich um dich herum? Welche neuen Entwicklungen gibt es? Wenn du dich nie umschaust, dann kannst du zwar eine 60-Stunden-Woche nach der anderen schieben, aber mit dem Erfolg wird das nix.

Wenn du dich fragst, wo deine Chancen sind, dann überleg das nicht nur für den Moment, nicht nur für jetzt. Nein, frag dich, wo deine Chancen in fünf Jahren liegen. Oder in zehn. Wie mag die Welt dann aussehen? Und wo siehst du dich?

Glaub mir, Selbstständigkeit, Unternehmer sein, Wirtschaft – das ist keine Geheimwissenschaft und auch nicht superkompliziert. Das ist superspannend und ganz easy – wenn du easy rangehst! Das steht dir alles offen! Du musst dich nur darauf einlassen.

ÜBRIGENS …

Erfolg bedeutet für mich nicht nur Geld, sondern vielmehr die Erfüllung meiner Lebensträume. Der junge Mann mit seinem Traum, morgens eine Runde im See zu schwimmen, der war übrigens ich! Heute hab ich es, mein Domizil am See. Nicht riesig. Aber für mich und mein Badetuch perfekt. Und es fühlt sich jedes Mal an wie Ostern und Weihnachten zusammen, wenn ich dort bin und ins Wasser tauchen kann.

Täglich schaff ich es noch nicht, dort zu sein. Aber ich arbeite dran. Ich werde mir noch mehr Zeit verschaffen, noch zeitgemäßer denken und örtlich unabhängiger arbeiten. Bald besuch ich mein Zuhause am See noch öfter. Wirst schon sehen!

3 VERZICHT MACHT EINE SCHLECHTE FIGUR

Ein Bekannter von mir ist Aktienhändler. Der ist so richtig erfolgreich an der Börse. Hat Geld wie Heu. Weißt du, wie er das geschafft hat? Allein durch knallharten Verzicht auf sein Privatleben. So hat der die absolute Spitzenkarriere hingelegt. Jetzt ist er der Aktien-Guru!

Wenn du so richtig Karriere machen willst wie er, musst du auch verzichten! Völlig klar, dass du in einigen Lebensbereichen kürzertreten musst, um erfolgreich zu sein. Und am erfolgreichsten bist du, wenn du auf deine Freizeit komplett verzichtest. Familie und Freunde müssen dann eben für eine Weile zurückstecken. Wenn du alles diesem einen Ziel unterordnest, wirst du auf jeden Fall Erfolg haben. So läuft das überall!

Schau dir zum Beispiel die Marathonläufer an. Die konzentrieren sich nur auf ihren Sport. Die leben nur für das eine Ziel: den ersten Platz. Und die sind superhappy, wenn sie gewinnen.

Eiserne Disziplin ist auch das A und O, wenn es ums Abnehmen geht. Wenn du ganz aufs Essen verzichtest, erreichst du am schnellsten den größten Erfolg. Im Handumdrehen zur Bikinifigur! Und alle schauen dir am Strand hinterher ...

So einfach ist das: Verzicht ist der Preis für den Erfolg auf allen Ebenen.

Mal ehrlich: Glaubst du das? Ich sag dir was: Das ist doch ein Riesenschmarrn! Welchen Preis an Zeit muss das Aktien-Ass wohl für seinen Erfolg bezahlen? Ist der Erfolg das wert? Und wer ist eigentlich reicher? Der mit viel Zeit oder der mit viel Geld?

GLÜCKLICH, SEXY UND ERFOLGREICH – MIT VERZICHT WIRD DAS NIX!

Ich kenn einen Marathonläufer, der hat jahrelang für eine Zeit unter zwei Stunden 45 Minuten (was wirklich extrem schnell ist) gekämpft. Jeden Tag, jede Sekunde genutzt. Raus aus der Tür und los ging's mit dem Training. Und dann erreicht er endlich sein Ziel: Er hat es geschafft und freut sich wie ein kleiner Bub! Jetzt wird er sich sauber feiern lassen! Aber weißt du was? Da ist keiner mehr, der mit ihm feiert. Keine Freunde, keine Familie, da winkt keiner hinter der Zielgeraden. Er hat seine Leut für sein Ziel zu lang vernachlässigt und das ist jetzt die Quittung. Brutal, oder?

Ich nenn das den „Bumerangeffekt". Wenn du bestimmte Lebensbereiche zu lange schleifen lässt, bekommst du irgendwann immer die Retourkutsche. Der Bumerang kommt zu dir zurück. Und zwar mit der Kraft, mit der du ihn von dir weggeschleudert hast. Wenn du dauerhaft auf wichtige Menschen verzichtest, weil dir andere Dinge gerade wichtiger erscheinen, kann das später arg wehtun!

ICH KENN KEINEN, DEN VERZICHT AUF DAUER GLÜCKLICH MACHT.

Ich kenne echt keinen, den Verzicht auf Dauer glücklich macht. Denn Verzicht verändert dich. Für deine Freunde und deinen Partner wirkst du total verkrampft! Viele meiner Beziehungen sind kaputtgegangen, weil ich nur noch für den Beruf geackert hab. Verzicht lässt dich oberflächlich erfolgreich erscheinen. Aber hinter der Fassade schaut es anders aus!

Du bist im Ungleichgewicht, wenn du dich nur auf ein Ziel einschießt. Andere Bereiche bleiben total unterversorgt. Das ist auch bei der Ernährung so. Viele sind stolz, wenn sie's schaffen, den Tag hungrig zu überstehen. Wenn sie auf alle Mahlzeiten verzichten, damit sie ein paar Gramm abnehmen. Ich sag dir eins: Das

ist alles andere als gesund! Kein Essen ist keine Lösung. Kein guter Weg, um dauerhaft abzunehmen. Wenn du nix isst, sagen deine Muskeln früher oder später Servus. Und weg sind sie! Die haben ja nix, womit sie arbeiten können! Glaub mir, dein Organismus ist superanfällig, der versteht da keinen Spaß. Auch dein Hirnkastl mag dann bald nicht mehr. Kreativität und Konzentration Ade! Alles in dir schreit nach Nährstoffen!
Fängst du dann wieder an zu naschen, überforderst du deinen Körper. Erst lässt du deinen Stoffwechsel auf Sparflamme laufen, gibst ihm nichts zum Verbrennen. Und jetzt soll er plötzlich wieder schuften? Von null auf hundert? Der denkt sich: Wer weiß, wann es wieder was gibt! Das setz ich jetzt doppelt an! So ein Jo-Jo-Effekt ist schon ganz schön hinterfotzig ...! Und der setzt immer dann ein, wenn du es übertreibst mit dem Verzicht.

KURZER VERZICHT IST OKAY!

Mal auf die Spaghetti Carbonara von deinem Lieblingsitaliener zu verzichten und dafür einen richtig gescheiten Salat zu essen: Das ist schon okay! So lernt dein Körper, sich von den Kohlenhydraten zu entwöhnen. Da ist nix dabei! Nur wenn du zu lange auf vitalstoffreiches Essen verzichtest, schreit dein Körper: „He, ich hab Mangel." Und wenn du erst mal schlappmachst, weil du argen Mangel hast, ist das echt nicht gesund.

HIE UND DA ZU VERZICHTEN IST NICHT DAS PROBLEM!

Hie und da zu verzichten ist auch in anderen Lebensbereichen nicht das Problem. Wenn du die Lehrlingsprüfung bestehen willst oder das Projekt auf der Arbeit fertig werden muss. Wenn du dann Gas gibst und dich für ein paar Wochen zurückziehst: Passt scho! Aber nach einer solchen brutalen Phase fällt es nicht so leicht, die eigenen Pri-

oritäten wieder neu zu ordnen. Eh du dich umschaust, hast du dich voll auf die Arbeit eingeschossen und dein Privatleben bleibt komplett auf der Strecke.
Der Aktienmensch, von dem ich erzählt hab, der Geld hat wie Heu. Der ist supererfolgreich und hat steil Karriere gemacht. Das ist die eine Seite von ihm. Es gibt aber noch eine andere. Gerade, als er auf seinem beruflichen Höhepunkt war, hat sich seine Frau von ihm getrennt. Sie warf ihm vor, er sei ihr völlig fremd geworden. Das wundert mich nicht. Er war kaum daheim bei seiner Familie. Heute sieht er seine Kinder einmal im Monat. Meinst du, dass der zurückblickt und sich denkt: Gut, dass ich damals alles für meinen Erfolg aufgegeben habe? Ich glaub nicht. Wenn du immer nur in eine andere Richtung schaust, ist es klar, dass sich deine Familie und deine Freunde irgendwann von dir abwenden.
Wenn du auf der Arbeit so richtig reinhauen musst, gib den Menschen um dich herum und auch dir selber die Aussicht auf ein Ende dieser Power-Phase. Dann ist dir am Ende auch keiner bös. Und frag dich: Wofür mach ich das? Überleg dir, wie wichtig dieses Ziel für dich ist. Wenn du auf etwas verzichten musst, soll sich das am Ende auszahlen. Sonst hast Stress für nix und wieder nix.
Mach dir klar, dass du für ein einziges Ziel auf viele andere Dinge verzichtest. Denk dir: Was ist die Konsequenz? Was ist nach dem Ziel angesagt? Meistens sind die Ziele, die du verfolgst, keine „Lebensziele": der Sieg beim nächsten Businesslauf, die Beförderung, die Gehaltserhöhung, die Bikinifigur für den Sommer. Oder glaubst du, das sind die Ziele, von denen du später deinen Kindern und Enkelkindern erzählen wirst?
Einer meiner Spezl ist hobbymäßig Triathlet. Der war für ein paar Jahre echt extrem. Hat alles dem einen Ziel untergeordnet, beim Ironman unter zehn Stunden zu bleiben! Die Konsequenz war strikter Verzicht: Jahrelang kein Bier mit Freunden. Und noch heftiger: Im Bett war nur schlafen angesagt, den Körper regenerieren, seine Freundin steckte ständig zurück. An Sex war nicht mal zu denken! Und, ja, er hat das Ziel erreicht! Super, oder?

Und was meinst, was ihm daheim blieb? Ich sag's dir: ein leeres Bett und eingeschnappte Freunde. Da stand er nicht mehr auf dem Siegertreppchen …
Wenn du ein Ziel hast, für das es sich wirklich lohnt, dein Herzblut zu investieren – pack's an! Knie dich voll rein! Aber denk dran: Danach geht das Leben weiter. Mach dir klar, welchen Preis du für die paar Sekunden zahlst. Was du auch machst, an den wirklich wichtigen Dingen sollte es dir nie mangeln: Freunde, Liebe und Gesundheit. Und weißt du was? Das macht dich auch schön!

WER SCHÖN SEIN WILL, MUSS NICHT LEIDEN!

Vor ein paar Jahren war ich in der Jury einer Modelwahl. Ich blätterte vorher so ein bisserl im Jurykatalog und schaute mir die Teilnehmerinnen an. Von jedem Model waren Foto und Steckbrief abgebildet: Name, Alter, Größe und, klar, ganz entscheidend – das Gewicht! Ich muss sagen, mich hat's echt umgehauen: Die waren fast alle total ausgemergelt. Ein Mädl dünner als das andere! Das war echt ernüchternd. Aber eine Ausnahme fiel mir ins Auge: Die Dame wog ganze fünf Kilo mehr als die anderen Missen! Und tatsächlich sah die hammermäßig aus. Ich hab sofort gesehen: Die Frau hat Muskeln!
Live hat sie dann auch einen fitten und attraktiven Auftritt hingelegt. Und weißt was? Die hat gewonnen!

Meine lieben Damen, das Gewicht ist nicht entscheidend, sondern die Konsistenz! Knackig, fest definiert! Die Miss hat an dem Abend mehr gegessen als ein Pizzabäcker! Die war superlocker drauf. Ich bin mir sicher, dass sie die Einzige war, die eine gesunde Beziehung zum Essen hatte. Alle anderen Models schielten verstohlen auf ihren üppigen Teller. Die verzichteten auf das Buffet und gingen hungernd nach Hause. Ohne Schärperl um den Hals. Ja mei, die hatten eben keine Ausstrahlung.

Die Ausstrahlung aber, die ist superentscheidend. Wenn du total abgemagert bist, hat dein Körper keine Energie. Und ohne Power? Keine Ausstrahlung.

NICHT DAS GEWICHT IST ENTSCHEIDEND, SONDERN DIE KONSISTENZ!

Dabei ist das Leben doch ein Genuss! Es macht Spaß! Damit die anderen dir das auch ansehen, brauchst du eine gesunde Balance! Dazu gehört auch, intelligent zu essen. Anstatt gar nix! Deine Rädchen müssen regelmäßig gefüttert werden, damit dein Stoffwechsel in Schwung kommt. Sonst bleiben die irgendwann stehen und dann geht nix mehr.

Es ist schon sinnvoll, dreimal am Tag was Vernünftiges zu essen. Frühstück, Mittag, Abendessen. Wenn du regelmäßig isst, hast du viel Energie gewonnen.

DAS 5:2-LIFESTYLEKONZEPT

Das Richtige soll's schon sein: viel frisches Obst, Gemüse, Kräuter, Fisch und gutes Fleisch, Vollkorn statt Weißmehl, die guten Fette und so weiter. Darüber schreibe ich im nächsten Kapitel noch ganz viel.

Wenn ich davon erzähle, dann sehe ich viele Gesichter doch wieder lang werden: Denn das hört sich ja wieder nach Verzicht an. Nur noch gesund essen? Nie mehr ein Stück Schoki? Keine Pommes? Keine Wiener Schnitzel?

Ganz ehrlich: Das hält kein Mensch durch. Die gute Nachricht ist: Das muss er auch nicht. Denn mit meinem 5:2-Lifestylekonzept lässt sich die gute Versorgung prima mit dem Schuss Genuss verbinden, den du brauchst.

Hinter dem Namen verbirgt sich Folgendes: Die Woche hat sieben Tage. Selbst in den stressigsten Zeiten ist das so. Wenn du es nur an fünf dieser Tage schaffst, deinen neuen, vitalen Lebensstil durchzuziehen, dann darfst du an den restlichen zwei Tagen auch mal ein bisserl locker lassen. Da darf es dann auch mal ein Stück Torte sein oder der Schweinsbraten, der Schokoladenriegel oder die Pizza. Wenn du dich an den meisten Tagen so ernährst, dass dein Stoffwechsel das Depotfett verbrennen kann, dann fällt das kleine Plus von den wenigen anderen Tagen im wahrsten Sinne des Wortes nicht mehr ins Gewicht. Das fühlt sich auch nicht mehr nach Verzicht an, wenn du weißt, dass du durchaus noch für dich was genießen darfst. Oder, noch besser: Schnapp dir deinen Partner und geh mit ihm ab und zu so richtig schön essen. Dann hast du gleich zwei Fliegen mit einer Klappe geschlagen: Denn kaum ein Verzicht hat so negative Folgen, wie wenn du auf die Zeit mit deinem Lieblingsmenschen verzichtest.

DIE NUMMER EINS IM LEBEN

Eine glückliche Partnerschaft ist superwichtig. Sei immer für deinen liebsten Menschen da! Auch wenn es in anderen Lebensbereichen etwas hektisch zugeht. Denn es ist dein Partner, der dich auffängt, wenn du nicht als Erster über die Ziellinie läufst oder dein Projekt voll in die Hose geht.

Ich kenn da einen, der macht's richtig. Der schafft es, alles im Griff zu haben. Dabei ist er einer der besten Triathleten in der Gegend. Muskulös, aber schaut superentspannt aus. Vor ein paar Jahren hat er noch extrem viel Sport gemacht. Auf einem verdammt hohen Niveau. Jetzt hat er eine glückliche, kleine Familie. Sport treibt er immer noch, aber lang nicht mehr so viel. Seine Familie ist die neue Nummer eins in seinem Leben und für die nimmt er sich die meiste Zeit. Nebenbei ist er noch ein Spitzenverkäufer. Er sagt, dass er viel arbeitet und es nicht immer einfach ist, Familie und Sport unter einen Hut zu bringen. Aber er meistert das einfach spitzenmäßig. Er hat seine Balance gefunden. Und diese zu halten ist echt ein Kunststück – aber es lohnt sich, das eigene Gleichgewicht zu trainieren!

ICH UND MEINE MOTORSENSE

Ich find diesen Typen cool. Ich bin damals zu seiner Firma rausgefahren und habe ihm was abgekauft: eine Motorsense! Dabei hat er mich echt super beraten. Als ich wieder zu Hause war, hab ich zwei Stunden damit verbracht, jedes Gebüsch in unserem Garten mit der Sense zu bearbeiten. Das war der Hammer! Besser als jedes Workout. Das hat mir echt Spaß gemacht. In dem Moment habe ich nur gedacht: Wie blöd war ich früher, jede Sekunde aufs Radl zu springen ... Letztens habe ich sogar damit angefangen, Gemüse in unserem Garten zu pflanzen. Das ist ein echter Genuss für mich.

GENUSS MACHT EINE VERDAMMT GUTE FIGUR!

Es gab eine Zeit, da habe ich meinen Freunden Bilder von meinen Vorträgen geschickt. Heut verschick ich Fotos von mir und meiner Motorsense. Heut verzichte ich nicht mehr auf meine Freizeit, sondern genieße sie in vollen Zügen. Probier's aus! Du wirst sehen: Wenn du genießt, machst du nämlich wirklich eine verdammt gute Figur!

4 JEDES LEBENSMITTEL IST GUT – AUẞER, ES IST HALTBAR BIS ZUR RENTE

Während meiner Studienzeit hab ich in einer großen WG gewohnt. Das war eine Riesenzeit. Wir haben praktisch alles geteilt. Sind zusammen feiern gegangen, radeln und laufen und haben auch viel gemeinsam gekocht und gegessen.
Einmal am Sonntagmorgen hab ich so richtig Lust auf Joghurt. Ich geh also zum Kühlschrank – und was meinst? Na klar, keiner mehr da! Hatten meine Kollegen schon unsere ganze Ration aufgefuttert. Aber halt! In der hintersten Ecke vom Kühlschrank seh ich noch einen weißen Becher, der nach Joghurt ausschaut. Ich greif also beherzt in den Kühlschrank und tatsächlich, einer war noch da! Meine Lieblingsmarke damals, der mit 0,1 Prozent fettreduzierte. Ja super! Hab ich ein Schwein! Also hol ich mir einen Löffel und mach den Deckel auf. Und da fällt mein Blick auf das Haltbarkeitsdatum: vor einem Jahr abgelaufen. Ja komisch, denk ich, der schaut genau gleich aus wie immer. Und der riecht auch gleich wie immer. Wie bekommst du jetzt raus, ob der noch gut ist?
Also hab ich mir einen kleinen Schmäh draus gemacht. Am nächsten Tag bin ich los und hab einen Becher von derselben Marke gekauft. Ich hab das Datum unkenntlich gemacht und die beiden Joghurts zum Mittag zwei von meinen Mitbewohnern serviert. So, dass die nix gemerkt haben. Und was meinst, was passiert ist? Musste sich der eine übergeben oder ist ganz grün angelaufen? Nein! Nix! Keiner hat einen Unterschied gemerkt. Der Kollege mit dem abgelaufenen Joghurt meinte sogar, dass der noch cremiger schmeckt.

Warum ich dir das erzähl? Weil dir das etwas ganz Wichtiges über industriell hergestellte Lebensmittel sagt: Der Zustand von Lebensmitteln aus dem Labor ändert sich auch nach dem Ablauf des Mindesthaltbarkeitsdatums kaum. Und wieso? Weil da halt kaum was drin ist, was verfallen könnte!

VORSICHT VOR INDUSTRIEMÜLL

Nimm zum Beispiel so einen Erdbeer-Joghurt. Der ist ab Herstellungsdatum mindestens zwölf Monate haltbar. Vergleich den jetzt mal mit einer frischen Erdbeere aus dem Garten. Unter normalen Bedingungen kannst du die maximal vier oder fünf Tage in deinem Kühlschrank lagern, eher kürzer. Weil sie dann matschig wird. Wenn du die zwölf Monate liegen lässt, dann erkennst du sie garantiert nicht wieder. Frisches Obst ist nun mal nicht lange haltbar – viele Obstprodukte dagegen ewig. Und weißt du, woher das kommt?
Durch den Einsatz von Chemikalien! Im industriell weiterverarbeiteten Joghurt hast du neben dem Naturprodukt Milch noch eine ganze Armada von Zusatzstoffen. Schau mal hinten auf die Verpackung. Zusatzmittel erkennst du daran, dass sie sich fremd, technisch oder chemisch anhören: E102, E420 etc. Aber die Listen mit den Inhaltsstoffen schreiben heute die Mädls und Burschen aus der Marketingabteilung. Die wissen, dass wir Käufer lieber natürlich essen. Wenn die gewitzt sind, schreiben die nicht E620, sondern einfach Glutamat auf die Packung. Oder noch besser: Hefeextrakt. Das klingt immer noch ein bisserl fremd, aber doch schon fast nach einem Naturprodukt, oder?
Mit der Produktion dieser Zusatzstoffe ist heute eine ganze Industrie beschäftigt. Global Player, die nichts anderes herstellen als Geschmacks- und Geruchsstoffe, die sie an Joghurt-, Saft- und Marmeladenhersteller verkaufen. So kommt dann der Maracujageschmack in das Maracuja-Erfrischungsgetränk oder die süße Feigennote in die schön verpackte Feigenmarmelade. Das ist billiger, als die Originalfrüchte ranzulassen.

FRUCHTJOGHURT GEHT HEUTE GANZ OHNE FRÜCHTE.

Nimm dir mal einen industriell hergestellten Erdbeerjoghurt. „Joghurtfruchtzubereitung“ heißt das im Fachjargon. Ein schönes Wort, oder? In einem normalen Becher einer solchen Fruchtzubereitung aus dem Supermarkt steckt bis zu einer halben Erdbeere drin! Selbst wenn auf der Verpackung ein ganzer Korb voll Früchten abgebildet ist. Wahnsinn, oder? Und ich sag dir was: Für „Joghurt mit Erdbeergeschmack“ brauchst du gar keine Erdbeeren mehr. Da reicht es, wenn du Aroma und ein bisschen Lebensmittelfarbe kombinierst. Die rote Farbe stammt dann nicht von der Erdbeere, sondern von der Roten Rübe. Wenn außen auf der Verpackung keine einzige Erdbeere abgebildet ist, dann solltest du schon misstrauisch werden. Und wenn du dann bei den Zutaten nichts von Erdbeeren liest, dann kannst du sicher sein: Da ist kein einziges echtes Fruchtstückchen drin. Klar, solche Chemiecocktails sind dann haltbar bis zur Rente. Da steckt halt nix mehr drin, was unterwegs natürlich verderben könnte. Und das ist der große Unterschied zu frischen Lebensmitteln. Frische Lebensmittel verderben schnell. Dafür enthalten sie einen Riesenbatzen an Vitalstoffen. Vitamine und Mineralien, die dein Organismus tagtäglich zum Leben braucht.

Wenn du das so betrachtest, essen viele Menschen eigentlich gar keine Lebensmittel mehr, sondern stopfen sich stattdessen mit Pseudomitteln voll. Die essen Konservierungsstoffe, Farbstoffe, Aromen und Geschmacksverstärker. Na Mahlzeit! Nimm dir als Beispiel Orangennektar und Orangenfruchtsaftgetränk. Woraus bestehen die? Ich sag’s dir: Das ist ganz viel Wasser. Zucker, weil die natürliche Süße fehlt. Aroma, weil der natürliche Geschmack fehlt. Dann Vitaminzusätze, weil die zuvor vorhandenen den Konzentrationsprozess auch nicht überstanden haben. Plus Konservierungsmittel, damit der Saft haltbar ist. Und dann tatsächlich noch ein kleines bisserl Orangensaftkonzentrat. Ich sag dir, das sind alles leere Kalorien, weil die ganzen wichtigen Stoffe fehlen. Für mich ist das nix anderes wie Industriemüll.

„INDUSTRIEMÜLL“

- Grillsoßen
- Salatdressings
- Instantpudding
- Ganz ganz viele Fertiggerichte
- Fertigsoßen
- Etliche Frühstücksflakes
- Alle Backzusätze, die es gibt
- Konserven
- Softdrinks
- Konservenfrüchte
- Fruchtcocktailsoße
- Sehr viele Süßigkeiten
- Toastbrot
- Aufbackbrötchen (Chemie pur)
- Fertigkuchen
- Viele Light-Produkte
- Margarine
- Chips
- Fruchtjoghurt – noch schlimmer: Joghurt mit Fruchtgeschmack
- Und, und, und …

POWER FÜR DEN SÄBELZAHNTIGER

Wenn du deinem Körper Wasser mit Orangenaroma gibst, ist das, als würdest du in dein Auto Wasser mit Benzinaroma füllen. Was meinst du, was dann passiert? Fährt dein Auto? Natürlich nicht! Denn Wasser enthält nicht die Betriebsstoffe, die dein Auto zum Fahren braucht. Und für deinen Organismus reicht es eben auch nicht. Was passiert stattdessen? Geht dein Körper kaputt? Nicht sofort! Du hast immer eine gewisse Menge an Treibstoff da. Davon kann dein Körper ziemlich lange zehren. Aber irgendwann fängt er an zu streiken. Und dann ist es zu spät, du bist schon im Mangel.
Wenn du denkst, das wäre die Ausnahme, täuschst du dich gewaltig. Das ist die Regel! Und nicht nur bei uns in Deutschland und Österreich. Eine große internationale Studie mit über 80.000 Teilnehmern in den USA, Deutschland und Frankreich hat ergeben, dass in diesen Ländern nur etwa 20 Prozent der Menschen so gerade eben ihren Minimalbedarf an Vitalstoffen decken. Vier von fünf sind also regelmäßig unterversorgt mit Vitaminen und Mineralstoffen. Wenn du dir klarmachst, dass diese Regionen zu den reichsten und bestversorgten der Welt gehören, ist das ein Wahnsinn, oder?

VIER VON FÜNF SIND REGELMÄẞIG UNTERVERSORGT MIT VITAMINEN UND MINERALSTOFFEN.

Aber das ist genau das Problem. Wir haben so eine bombastische Fülle um uns herum, dass wir die richtig guten, die einfachen Sachen übersehen. Und dann wundern wir uns darüber, dass heute so viele Menschen krank werden. Die World Health Organization glaubt heute, dass Mangelernährung weltweit die größte Bedrohung für die Volksgesundheit ist.
Bei einer unserer Filialen gibt es ums Eck so ein chinesisches Restaurant. Supergünstig, da sind die Mitarbeiter eine Zeit lang gern zum Mittag hin. Doch nach einiger Zeit hat erst ihre Verdauung verrückt-

gespielt, dann hat es ihnen an Energie gefehlt und bei ein paar sind sogar Allergien hochgekommen. Du, ich vertrag dies nicht mehr, du, ich vertrag plötzlich das nicht mehr. Und woher kam das? Vom Glutamat! Fette Soßen, viel Frittiertes, die knusprigen Krabbenchips – das ist schon lecker, klar. Aber warum? Eben weil es mit Glutamat vollgepumpt ist.

Glutamat ist eigentlich ein ganz wichtiger Stoff. Du kannst davon um den Daumen rum ein Gramm aufnehmen. Und da es in allen eiweißhaltigen Lebensmitteln drin ist, tust du das auch. Das ist zum Beispiel das, was dafür sorgt, dass dir ein schönes Steak so richtig gut schmeckt. Selbst das Tofu-Steak, aber da ist Glutamat dann schon künstlich zugesetzt. Dieser Inhaltsstoff regt deinen Appetit an. Deswegen packt die Lebensmittelindustrie ihn rein, wo sie nur kann. Nimm eine Packerlsuppe. Die besteht zum Beispiel aus einem ganzen Batzen Glutamat, viel mehr, als dir guttut. Oder Chips. Heute bekommst du die in den Sorten „Salt and Vinegar“, „Sour Cream“, „Honig und Senf“ – klingt verlockend, aber in Wahrheit sind da immer nur öde Aromazusätze drin. Und natürlich dein Wochenbedarf an Glutamat, den du dir dann in einer Viertelstunde mit Heißhunger reinziehst, weil es so hungrig macht.

Wenn du dich dann nicht richtig ernährst und den ganzen Tag über viele Kunstprodukte verzehrst, dann nimmst du ganz viel Glutamat zu dir. Und zu viel davon bringt dein System durcheinander. Dann spielt dir dein Körper vor, dass du noch Hunger hast, obwohl dein Organismus längst gesättigt ist. Und was machst dann? Dann isst du noch was, oder? Aber nicht das teure Fleisch aus der Schlachtabteilung, sondern die billige Salami aus der Alupackung, die zusätzlich künstlich mit Glutamat angefüllt wurde. Und weil solche Produkte in der Regel noch Tonnen Zucker, schlechtes Fett und Kohlenhydrate haben, wirst du dick und krank.

Zucker und Salz setzt die Lebensmittelindustrie auch gern ein. Das sind super Geschmacksträger und damit kannst du alles haltbar machen. Zucker ist das allergrößte Problem für eine gesunde Ernährung.

Nicht Fett. Zucker ist Kohlenhydrat pur. Wenn du mal einen schnellen kurzen Energieschub brauchst, ist Zucker ideal. Der wirkt wie Spiritus, den du ins Feuer gießt. Das Problem mit Zucker: Er ist heute überall drin. In Obst und Gemüse steckt auch Zucker, die Fruktose, aber die gefährdet nur deine Zähne. Deiner Verdauung macht er keine Schwierigkeiten. Das Problem ist raffinierter Zucker. Den kann unser Verdauungssystem nicht weiterverarbeiten.

DAS PROBLEM MIT ZUCKER IST: ER IST HEUTE ÜBERALL DRIN.

Dein Stoffwechsel stammt nämlich aus der Steinzeit. Da hast du lange suchen müssen, bis du auf Zuckerbomben wie Rüben oder Zuckerrohr gestoßen bist. Auf dem Speiseplan des Steinzeitmenschen stand Gemüse und Obst, ganz selten mal Fleisch. Also relativ wenig Kohlenhydrate. Daran erinnert sich dein Organismus auch heute noch. Sobald du Kohlenhydrate zu dir nimmst, wird Insulin ausgeschüttet. Das speichert die wertvollen Kohlenhydrate in deinen Zellen, auch den Muskelzellen. So hast du genug Power, um vor dem nächsten Säbelzahntiger wegzuspurten. Wenn du aber ständig immer wieder bei jeder Mahlzeit Zucker nachfüllst, können die Kohlenhydrate nicht mehr abgebaut werden, sondern lagern sich an. Wenn dich jetzt der Säbelzahntiger packt, freut er sich über die fette Beute.
Aber heutzutage droht kein schneller Tod durch ein Raubtier, sondern es rafft dich irgendeine Krankheit dahin, die sich durch jahre-

lange Mangelernährung gebildet hat. Die häufigsten Todesursachen in den reichsten Nationen der Welt? Herzinfarkt und Schlaganfall. Beides Zivilisationskrankheiten! Ganz oben auf der Liste findest du überall Herz-Kreislauf-Erkrankungen, die oftmals mit der Fehlernährung zusammenhängen. Ein Risikofaktor für Herzinfarkt ist Bluthochdruck. Der entsteht durch Ablagerungen in den Arterien, die wiederum durch falsche Ernährung. Zum Beispiel, wenn du zu viel raffinierten Zucker aus zu viel Fruchtjoghurtzubereitungen und Packerlsuppen isst.

Sag selber, das willst dir doch nicht wirklich antun, oder? Denk lieber an den schönen Satz: Du bist, was du isst. Iss Gesundes, dann bleibst du gesund. So einfach ist das! Aber mach keine halben Sachen: Wenn du deinem Körper alle wichtigen Nährstoffe zuführen willst, die du über den Tag brauchst, reicht eine gesunde Mahlzeit am Tag nicht aus. Wenn du den Rest des Tages Junkfood isst, haust du den Vitalstoffhaushalt des ganzen Tages in den Eimer. Klar, wenn ich mal richtig Bock auf Schokolade habe, dann esse ich auch mal einen Schokoriegel. Eine kleine Sünde verzeiht mir der liebe Herrgott immer. Aber wenn du mit Schokoriegeln über den Tag gehst – so viele gute Sachen kannst du gar nicht essen, um den Mangel, den du damit aufbaust, auszugleichen.

DU BIST, WAS DU ISST. ISS GESUNDES, DANN BLEIBST DU GESUND.

GUT ESSEN!

Gut essen! Ganz einfach, oder? Leider sind es die ganz einfachen Sachen, die richtig schwer umzusetzen sind. Wichtig ist, dass du den ersten Schritt machst. Und den hast du direkt vor deiner Nase: Gut essen fängt bei dir zu Hause an. Genauer gesagt, in deiner Vorratskammer.

Ich hab mal eine Familie aus dem Burgenland gecoacht. Das Ehepaar war im besten Alter und hatte zwei Kinder. Das Erste, was ich mit den beiden Erwachsenen gemacht habe: Ich bin mit ihnen runter in ihre Vorratskammer – einmal Razzia durch alle Lebensmittel. Wir haben alles aussortiert, was haltbar bis zur Rente war: Instantaufläufe, Dosenfrüchte, Dosengemüse, Mega-Packungen Frühstücksflocken, Fertigteig für Pizza und was nicht noch alles.
Am Ende kam ein riesiger Sack zusammen, der war so groß wie der Junior des Hauses. Wie ärgerlich: Da haben die beiden für superviel Geld eingekauft und dafür superschlecht verarbeitete Lebensmittel bekommen.
Sie konnten sich nicht überwinden, den Sack wegzuwerfen. Also hab ich den beiden gesagt: Dann lasst sie einfach hier stehen. Ihr werdet es sehen: Die halten länger als jede Ehe. Das hat sich übrigens dann auch bewahrheitet: Inzwischen sind sie geschieden und das Zeug ist immer noch nicht kaputt.

Geh auch an deine Vorratsschränke und sortier alles aus, was Industriemüll ist. Mach dir bei jedem Lebensmittel klar, womit du deinen Körper füllst. Kann er damit was anfangen? Die meisten Menschen, die ich kenne, wissen das gar nicht. Mach es nicht wie die meisten, du kannst es besser! Wenn es dir zu schade ist, alles wegzuschmeißen (oder du keinen Keller hast, in dem du es für schlechte Zeiten bunkern willst), dann kauf einfach nix mehr davon, wenn das, was du hast, endlich verbraucht ist.

PACK ALLEN INDUSTRIEMÜLL IN DEN KELLER UND BESUCHE IHN EINMAL IM JAHR. ER WIRD SICH NICHT VERÄNDERN.

Ist alles Ungesunde aus deinem Haushalt aussortiert, bist du Schritt eins erfolgreich gegangen. Aber: Du hast jetzt leere Schränke. Womit füllst du die? Mit dem zweiten Schritt: deinem Einkauf! Ich halte es so: Ich ess nur das, was ich selber jagen, pflücken oder ohne Chemiebaukasten herstellen könnte. Und nur das kauf ich mir. Es ist doch ganz einfach: Dein Einkauf entscheidet. Wenn du immer nur das Falsche zu Hause hast, wirst du auch immer nur das Falsche essen. Eigentlich weißt du das alles ja auch schon längst. Aber zwischen dem Wissen und dem Handeln stehen zwei große Hürden. Erstens ist es gar nicht mehr so einfach, richtig gute Lebensmittel zu bekommen. Und zweitens brauchst du, wenn du sie hast, ein paar richtig gute Gewohnheiten, damit dir deine neue Ernährung auch wirklich in Fleisch und Blut übergeht.

GUTE LEBENSMITTEL GIBT'S NICHT ÜBERALL

Jetzt hast du deine Vorratskammer ausgemistet und so richtig Platz geschaffen. Super! Bist du bereit für die Jagd nach den wirklich guten Sachen, die dich hammermäßig fit machen? Supergut! Aber wo findest du die?

Gehen wir die üblichen Orte, wo du normalerweise einkaufst, mal durch. Was fällt dir zuerst ein? Na klar, der Supermarkt. Der Vorteil vom Supermarkt ist, dass du da alles unter einem Dach hast. Käse, Aufschnitt, Semmeln, Obst, Gemüse, Milch – einmal hin, alles drin – so verspricht es ein Werbeslogan. Das ist praktisch, gell? Aber was bekommst du da für Produkte?

Die großen Ketten kaufen fast ausschließlich bei großen Händlern ein. Das sind Firmen, die sich darauf spezialisiert haben, Rohstoffe auf der ganzen Welt einzukaufen und in großen Mengen an große Händler abzugeben. Die produzieren in erster Linie Masse, nicht Klasse! Da ist es ganz egal, ob das Semmeln sind oder Obst oder Tiefkühlgemüse. Denen geht es um Haltbarkeit und darum, dass die Produkte in der Frischetheke möglichst lange gut ausschauen. Die schlechte Qualität erkennst du trotzdem. Weißt du, woran? An der Schminke!

Ja, glaub mir, die Produkte werden geschminkt. Tolle Verpackung mit ländlicher Idylle, das Fleisch und der

Käse darin aber mit Farbstoffen versetzt, Tomaten mit einer Schale, die fast so hart ist wie die einer Kokosnuss. Lass dich nicht blenden und die Finger davon. Es gibt heut Apfelzüchtungen, die sind bis zu fünf Jahre haltbar. Das erkennst du nicht, wenn du die im Sackerl liegen siehst. Weißt du, wie viel Vitamin C noch in einem Apfel nach einem halben Jahr ist? Maximal die Hälfte! Und wie sieht das wohl erst nach vier Jahren aus? Grauslich, oder?

VIELE SUPERMARKTKETTEN PRODUZIEREN MASSE STATT KLASSE.

Ein guter Freund von mir ist Psychologe. Der arbeitet bei einem der großen Global Player in der Marketingabteilung. Der entscheidet, wie viel Gemüse auf einer Packung abgebildet sein darf – auch wenn gar kein Gemüse im Produkt drinsteckt.
Verpackungen der großen Ketten täuschen superraffiniert. Draußen steht dann groß „0 % Fett“ drauf. Aber dass stattdessen andere ungesunde Ersatzstoffe drin sind, verrät dir nur ein Blick mit der Lupe auf die Inhaltsstoffe. Seit den 1980-er Jahren hat die Lebensmittelindustrie rund 2.000 neue chemische Zutaten entwickelt, die sie in ihre Massenprodukte steckt. In der gleichen Zeit hat die Menge der Vitalstoffe in den Lebensmitteln stark abgenommen. Und die Zahl der Übergewichtigen stark zugenommen. Meinst du, das ist Zufall? Ich glaub nicht!

SETZE GUTE GEWOHNHEITEN

Ja, ja die lieben Gewohnheiten. Ich hab dir jetzt so viel erzählt von der Ernährung. Jetzt musst du das Wissen nur noch im Alltag umsetzen. Ich geb dir ein paar Tipps, wie du das schaffst.
Keine Angst, ich werd dir nicht sagen: „Iss nie wieder Kuchen!“ Ganz im Gegenteil. Ich sag: „Verdamme nicht jeden Kuchen!“ Lass dich ruhig davon verführen, wenn dich deine Nachbarin auf ihren selber gebackenen Apfelstrudel einlädt. Da musst du nicht widerstehen.

Warum? Weil er selber gemacht ist! Da sind super Sachen drin. Klar, auch Zucker, aber das passt scho!

VERDAMME NICHT JEDEN KUCHEN!

Es ist so schad, dass die Werbung mit dem ganzen Fertigzeug daherkommt. Da wird nur für Industriemüll geworben. Sogar Kaiserschmarrn gibt's eingeschweißt. Da locken dich die irrsten Slogans: „Probieren Sie den Klassiker unter den österreichischen Mehlspeisen. Herrlich locker und besonders saftig. Er gelingt garantiert und ist schnell und einfach zubereitet." Da brauchst nur Milch und ein Ei reinrühren und in zehn Minuten ist's fertig. Mmh, lecker. Und dann kommen die am Ende des Spots noch mit: „Ob als Hauptmahlzeit oder zwischendurch. Schmeckt so gut wie selber gemacht."
So gut wie selber gemacht? Also, ich sag euch ganz ehrlich, mir schmeckt's gar nicht! Und wenn du schon mal so einen richtig selber gemachten Kaiserschmarrn gegessen hast, dann schmeckt der aus der Packung schon gar nicht mehr!
Von wegen Kaiserschmarrn! Es wird einfach zu viel Industrieschmarrn gegessen. Da ist haufenweise versteckter Zucker drin! Das Problem ist nicht das Stück selber gemachter Kuchen, sondern das grausliche Fertigzeug. Das ist so ein Kernding: Mach am besten selber, so viel es

geht! Gib deinem Körper, was er braucht – und der schreit sicher nicht nach dem Packungsschmarrn.

Wenn du deine Gewohnheiten ändern willst, fang bei dir daheim an. Zieh los und kauf ein Haufen gutes Zeug ein. Am besten, du gehst im Supermarkt direkt in die Frische-Bio-Abteilung oder schlenderst mal über den Bauernmarkt. Das lohnt sich! Da kriegst echte Qualität und triffst einen ganzen Haufen netter Menschen.

Ich rat dir, dass du die Zeit für diesen Bummel nimmst. Aber wenn du superbusy bist, dann ist die „Biokiste“ heutzutage auch eine super Sache! Da steht dann einmal die Woche eine Kiste mit Obst und Gemüse der Saison direkt vor deiner Haustür – total spitze! Und alles bio!

Klar, mich treibt es auch mal in den Supermarkt. Da seh ich die ganzen Leut, die sich mit ihren Kindern fetzen. Logisch, die Kleinen plärren nach dem Zuckerkram. Und denen kannst natürlich schlecht erklären, dass die Eiscreme oder der Schokoriegel nur schlechter Industriemüll sind! Mein Tipp für solche Situationen: Mach eine kleine Challenge, wer zuerst eine Birne findet. Kannst dir vorstellen, wie schnell die Kurzen losflitzen! Und dann gibt's am nächsten Tag einen Obstteller zum Frühstück statt der Schale Zuckerbomben aus der Schachtel.

Frühstücken ist besonders wichtig, wenn es um deine Gewohnheiten geht! Viele Leut sagen: „Für das Frühstücksbuffet im Hotel steh ich gern früh auf!“ Aber was geschieht daheim? Da bleibt der Magen leer. Oder er bekommt das schnelle Weißbrot mit Marmelade reingeschoben. Das ist auch so gut wie nix. Vor einem harten Businesstag so wenig zu essen ist echt superschlecht. Das ist, wie wenn du am Morgen den Computer nicht einschaltest und dich am Mittag wunderst, dass nichts vorangegangen ist.

GÖNN DIR EIN RICHTIGES FRÜHSTÜCK!

Wenn du es morgens nicht packst, dir was Gescheites zu machen, dann schmeiß schon abends Gemüse oder Obst in den Mixer. Dann

brauchst du am nächsten Morgen nur noch aufs Knöpfchen zu drücken. Ein Smoothie zum Frühstück ist der absolute Vitaminkick – der perfekte Start in den Tag! Da schaltet sich dein Appetit in der Früh automatisch ein. Tolle Rezepte für Wildkräutersmoothies und Energy-Bowls findest du auf meiner Homepage: http://www.toniklein.com.
Wenn du Brot zum Frühstück magst, kauf es bei einem richtigen Bäcker. Bei einem, wo du weißt, das er es selber macht. Vermeid bloß diese Backshops, die überall aus dem Boden schießen. Das, was du da kriegst, ist vollgestopft mit Zusätzen!
Und wenn du dir mal was richtig Gutes tun willst: Nutz die Zeit am Wochenende. Gib deinem Körper einen Vitalstoff-Tsunami mit viel Kräutern, Obst, Gemüse, Wasser, Eiweiß und Bewegung. Versuch mal, so wenig Zucker und Kohlenhydrate wie möglich zu essen und auch mal dem ein oder anderen Glaserl Bier zu widerstehen. In diesen Tagen wird dein Körper so richtig getuned und dankt's dir mit der vollen Ladung Energie! Du wirst sehen, wie gut du dann drauf bist!

GIB DEINEM KÖRPER EINEN VITALSTOFF-TSUNAMI!

5 MIT SCHLAFEN ERREICHST DU MEHR ALS MIT LAUFEN

„Ich hab so wenig gemacht in letzter Zeit. Aber bald mach ich wieder mehr …!“ Den Satz hör ich superoft, wenn ich bei meinen Seminaren mit den Leuten ins Gespräch komme. Da stehen wir entspannt bei einer Tasse Kaffee beieinander und sofort kommen Rechtfertigungen auf den Tisch: „Ich hab ein bisschen zugenommen, jetzt muss ich echt mal wieder was tun.“ Und dabei hab ich gar nichts gesagt! Nein, die Leute haben einfach ein total schlechtes Gewissen und versuchen, es mit guten Vorsätzen zu beruhigen.

Und was machen diese selbst ernannten Sportsünder dann? Sie fangen an zu joggen. Manche gehen ins Fitnessstudio. Oder sie suchen sich sonst eine Sportart aus. Dann ziehen sie die Kilometer runter, absolvieren eine halbe Stunde auf dem Stepper oder quälen sich beim Spinning. All das in der Hoffnung, dass sie am Ende fitter werden. Sie geißeln sich beim Sport und meinen, dass sie das gesünder und fröhlicher macht.

WENN DU DICH BEIM SPORT IMMER NUR QUÄLST, KANNST DU NICHT FRÖHLICH WERDEN.

Aber weißt, wenn ich im Stadtpark all die Menschen beobachte, die mit verkrampftem Gesicht und der Apple Watch ihre Kilometer runterreißen, dann muss ich schon sagen, dass mir das nahegeht.

So eine Verschwendung von Lebenskraft! Ich kann mir unmöglich vorstellen, dass es diesen Menschen damit wirklich besser geht. Und ich sag dir auch, warum: Weil sie sich mehr unter Druck setzen als jeder Leistungssportler!

Was macht denn so ein Profisportler? Der trainiert Vollgas. Der powert sich so richtig aus. Gut. Und dann? Dann geht er unter die warme

Dusche, kriegt eine super Massage und fährt heim. Dort isst er was Gutes und legt die Füße hoch. So, und wenn du dir jetzt mal einen Hobbysportler anschaust, dann steht der um fünf Uhr in der Früh auf und läuft 1,5 Stunden. Dann geht er schnell unter die Dusche, trinkt einen starken Kaffee und fährt ins Büro. Dort wartet ein Berg Arbeit auf ihn. Vollgas bis zum Abend, er nimmt sich vielleicht nicht mal richtig Zeit zum Essen. Dann kommt er ausgelaugt nach Hause, und quält sich – egal wie müde er ist – noch ins Fitnessstudio oder auf das Ergometer im Keller, anstatt mit seiner Partnerin ein bisschen Ruhe zu genießen.

Merkst was? Da will einer das gleiche Pensum absolvieren – und zwar neben dem Job, neben dem Hausbau, neben der Familie. Wie jemand, der sich nur um seinen Sport kümmert!

Viele versuchen, alles super zu machen. Super im Job sein. Eine super Figur haben. Die super Beziehung führen. Alles super, super, super. Und dabei vergessen sie eins komplett: die Ruhephasen! Für die ist nämlich bei all dem Gerenne ums Supersein gar keine Zeit mehr. Aber genau dieses Runterkommen ist total wichtig für dein persönliches Glück!

Wenn du Ruhe und Entspannung vernachlässigst, geht dein Körper irgendwann auf die Barrikaden. Du spürst, dass du weniger leisten kannst. Du nimmst zu. Später kommt dann vielleicht der Ermüdungsbruch im Knöchel. Wusstest du übrigens, dass Radler, die sich für die Tour fit spritzen lassen, häufiger Sportverletzungen erleiden? Der Körper geht kaputt! Er wird krank. Das kann bis in den Burn-out oder die Depression führen.

Aber das muss alles gar nicht sein!

ERHOLUNG MACHT ERFOLGREICHER ALS DAUERPOWERN

Was glaubst du, wer hat beim Wettkampf die Nase vorn? Der, der richtig geackert hat? Der Durchtrainierteste von allen? Ja, könnt man meinen, oder? Aber weißt was? Trainieren können sie letztlich alle. Die besten Karten hat der, der zwischendurch richtig gut regeneriert. Derjenige, der am Tag X hellwach und locker drauf ist. Genau dieser mentale Vorsprung entscheidet am Ende oft über die Hundertstel weniger oder den Zentimeter mehr.

Das gilt nicht nur für den Sport. Das gilt bei allem, was du im Leben anfängst. Wenn du in deinem Job Höchstleistung brauchst oder wenn du vielleicht deinen Carport über das verlängerte Wochenende fertig bauen willst. Eins gilt immer: Um volle Kraft fahren zu können, brauchst du eine gute Abwechslung aus Anstrengung und Erholung! Damit erreichst du mehr als mit Dauerpower.

Ich sag dir auch, warum. Training oder auch jede andere Form von Anstrengung macht deinen Körper müde. Zellen und Muskeln sind gestresst. Sie brauchen eine Pause. Während der Erholung regeneriert sich dein Körper. Und zwar nicht nur wieder auf Anfang, sondern auf ein höheres Niveau. Von diesem Prinzip der Superkompensation hab ich dir ja schon erzählt.

Wenn du die Erholung unterbrichst und mitten in der Regeneration wieder anfängst zu trainieren, verhinderst du, dass der Körper dieses Niveau erreicht. Du bist zu früh dran. Damit bewirkst du genau das Gegenteil von dem, was du eigentlich willst. Dann können sich deine Muskeln nämlich nicht aufbauen. Deine Leistungskurve geht nach unten. Schon schad, oder?

IM SCHLAF KRIEGT DEIN KÖRPER EINE EXTRA FITNESSEINHEIT.

Wenn du schlau bist, dann schläfst du eine Runde, nachdem du dich angestrengt hast. Dann kriegt dein Körper nämlich eine extra Fitnesseinheit. Im Schlaf erholt er sich nicht nur. Nein, es laufen auch superwichtige Prozesse ab: Dein Immunsystem beispielsweise bringt dann seine Abwehrtruppen auf Vordermann und deine Zellen werden rundum erneuert. Wär schon blöd, wenn du deinem Körper das nicht gönnst, oder?

Der österreichische Skiläufer Marcel Hirscher hat schon extrem viele Siege eingefahren. Wenn du dem beim Training zuschaust, dann fällt dir auf, dass er nicht stundenlang durchpowert. Nein. Er trainiert kurz und intensiv. Dazwischen legt er immer wieder Phasen der Regeneration ein. So macht er seinen Körper jedes Mal ein Stück fitter. Und er achtet darauf, dass er seine Kräfte gut einteilt. Auch ein Leistungssportler ist nicht jeden Tag in Bestform. Wenn Marcel also mal nicht so gut drauf ist, dann lässt er es ruhiger angehen. Alles andere macht einfach keinen Sinn! Und wenn ihm ein Rennen ganz besonders wichtig ist, dann lässt er ein anderes davor lieber weg, um Kraft zu sparen. So konnte er jetzt schon siebenmal hintereinander den Weltcup-Sieg holen! Und eben nicht dadurch, dass er ohne Pause eisenhart trainiert.
Und wie steht's mit deinem Job? Dabei brauchst du vielleicht nicht so einen Haufen körperliche Anstrengung. Aber wenn du dauernd Probleme lösen und dafür sorgen musst, dass dein Kunde begeistert ist, brauchst du dafür jede Menge Energie und Kreativität. Und wenn du kaum geschlafen hast, weil du heut Morgen noch fix eine Laufeinheit einschieben musstest, hängt dein Körper durch. Dann wird das nix mit der Kreativität. Und auch nix mit der Kundenbegeisterung. Wenn du abends müde bist nach einem erfüllten Tag, dann geh ins Bett. Schlaf dich aus, dann ist es am nächsten Morgen umso schöner. Und weißt du was? So nimmst du auch leichter ab!

ABNEHMEN IST LEICHTER, WENN DU DICH WENIGER ANSTRENGST

Viele Menschen joggen oder treiben sonst irgendeinen Sport, um abzunehmen. Das ist auch völlig in Ordnung. Die denken dann aber, sie müssen super durchpowern, damit sie auch was erreichen. Weißt, was ich denen sag? Leg dich lieber eine Runde aufs Ohr, anstatt noch die x-te Runde zu laufen. Das bringt nämlich viel mehr!

Schau, beim Laufen, da verbrennst du vielleicht 700 Kalorien in der Stunde. Um ein Kilo Fett zu verbrennen, müsstest du 10 Stunden laufen! Das macht kein Mensch. Und wenn du dann heimkommst und dir auch nur einen einzigen Schokoriegel gönnst, dann kannst du die ganze schöne Rechnung wieder in die Tonne werfen. Was für ein Stress. Für nix.

Andreas, ein guter Bekannter von mir, der hat sich diesen Krampf superlange angetan. Der war immer ein bisschen übergewichtig. Und so hat er Sport gemacht, um die Kilos wieder runterzukriegen. Immer wieder. Und zwar auf die ganz harte Tour. Der hat drei Wochen Intensivsport mit der Brechstange durchgezogen, viel mehr als nötig gewesen wäre. Klar, dass er das nicht durchhalten konnte. Nach den drei Wochen brach das ganze Programm für ein halbes Jahr zusammen. Bis zum nächsten Gewaltakt. Du kannst dir sicher schon denken, dass Andreas kein bisschen abgenommen hat. So kann es einfach nicht klappen.

RICHTIG DURCHPOWERN: ZWEI KILO RUNTER IN 16 WOCHEN – MIT DER RICHTIGEN ERNÄHRUNG: 10,7 KILO.

Eine Studie hat einmal 16 Wochen lang untersucht, wie Abnehmen funktioniert. Dazu gab es drei Probandengruppen. Die erste hat allein an der Ernährung gearbeitet und damit zehn Kilo abgenommen. Nicht schlecht, oder? Dann die „Sport-Gruppe“. Sie hat nix an der Ernährung getan, aber so richtig durchgepowert. Ganze zwei Kilo gingen runter! Die dritte Gruppe hat beide Hebel angesetzt und damit elf Kilo abgenommen.

Ich kann dich beruhigen: Mittlerweile haben wir supergute Stoffwechselprogramme, wo man mit dem richtigen Plan und der dazu abgestimmten Ernährung in 3 bis 6 Wochen 8 bis 10% seines Körpergewichtes in Form von Körperfett schnell und langfristig reduzieren kann. Wenn dabei dein Stoffwechsel auf Hochtouren fährt, schafft dieses Ziel jeder.

Merkst was? Die Sport-Gruppe liegt weit abgeschlagen, ganz hinten! Am besten fährst du natürlich mit der Kombination aus Sport und guter Ernährung. Aber am Anfang setzt du am besten bei der Ernährung an. Bring zuerst deinen Stoffwechsel auf Hochtouren! Füll deinen Körper auf, sodass er leisten kann. Und leisten will.

Andreas hat mit seinem extremen Dauersportprogramm einen totalen Mangel in seinem Körper erzeugt. Sein Stoffwechsel war komplett im Eimer. Ich kenn ihn schon ein paar Jahre. Und es ist immer das Gleiche. Dem schreibst einen Tipp zum Sportmachen auf – und er macht das Doppelte. Nach dem Motto: „Viel hilft viel." Er ist damit immer wieder komplett gescheitert.

Er hat nämlich nicht das Doppelte gemacht, weil er super Lust drauf hatte. Nein, er hat Sport gemacht, um abzunehmen. Weil es nötig war. Das war wie ein Businesstermin, den er abhaken musste. Freude hatte er nie dabei! Klar, dass er seinem Körper damit nur Stress gemacht hat.

Die Lösung: Erst mal runter vom Laufband und ran an die Ernährung. Wenn du dich schlecht ernährst und im Stress bist, hast du überhaupt keine Chance, gesund abzunehmen! Also haben wir zuallererst mal seinen Körper richtig mit Vitalstoffen aufgefüllt, sodass sein Stoffwechsel wieder anspringen konnte. Gutes Essen und Regeneration, das hat ihn so richtig nach vorn gebracht. Er hatte wieder Lust zu leisten. Die Lauferei hat er aufgegeben, die war nie seins. Er fährt jetzt lieber am Wochenende genüsslich zwei Stunden mit dem Rad durch die Gegend. Kürzlich war er mit seinen Freunden eine Woche auf Mallorca. Party ohne Ende und nur eine Minirunde im Fitnessstudio. Und weißt was? Er hat nicht ein Kilo zugenommen!

ABNEHMEN GEHT NUR, WENN DU ENTSPANNT BIST.

Wenn du also abnehmen willst, dann gönn dir Ruhe und Entspannung. Stress dich nicht mit Dauersport, das geht total in die Hose.
Und wie merkst du, ob dein Körper bereit zum Sport ist oder nicht? Wie erkennst du, ob du müde oder fit bist? Da hab ich einen Tipp für dich: Mach einfach in der Früh einen kurzen Bio-Check! Dazu misst du nach dem Aufwachen, noch im Liegen, deinen Puls. Wenn der Puls höher als normal ist, dann bist du im Stress. Wenn du mit diesem hohen Puls trainierst, arbeitest du quasi in den erschöpften Körper hinein. Da kannst du richtig was kaputt machen. Besser, du lässt es dann ruhig angehen.

MACH DEN SCHWEINEHUND ZUM FREUND

Wenn dir die Sache mit dem Messen zu lästig ist, dann gibt's noch einen einfacheren Weg, wie du feststellen kannst, ob du in der richtigen Verfassung für Sport bist. Frag dich: Hast du Lust drauf? Wenn die Antwort lautet: Na, eigentlich net – dann lass es bleiben. Dann geh lieber eine Runde mit deiner Frau spazieren oder leg dich eine halbe Stunde draußen auf die Wiese. Wenn du dabei entspannt in den Himmel schaust, bist du viel besser dran, als wenn du dich aufs Laufband quälst. Du hast keine Freude und deinem Körper tust du damit auch nix Gutes.
Vielleicht bist du ja dann nach dem Spazierengehen oder nach deiner Entspannung auf der Wiese so richtig in Stimmung, um eine Runde zu laufen oder dich noch eine Stunde aufs Rad zu setzen. Wer weiß ...
Sicher gibt's Menschen, die haben niemals Lust auf Sport. Die werden die Frage immer mit Nein beantworten. Aber das können sie natürlich nicht zulassen. Also fangen sie an, gegen ihren inneren Schweinehund zu kämpfen. Sie zwingen sich zum Laufen. Sie zwingen sich ins Fitnessstudio. Sie zwingen sich aufs Rad. Aber wirklich Freude macht ihnen das nicht. Der innere Schweinehund hört nicht auf zu meckern.

SPORT MUSS ZUR FREUDE WERDEN. SONST FUNKTIONIERT ES DAUERHAFT NICHT.

Wenn du ständig gegen deinen Widerstand angehst, wird dich das nicht voranbringen. Besser, du machst dir deinen Schweinehund zum Freund! Wenn er dir klarmacht, dass Laufen nicht dein Ding ist, wenn er sich beim Gerätetraining schüttelt, dann nimm seine Reaktion ruhig ernst. Dann ist das Richtige eben noch nicht dabei. Mit Zwang wirst du auf Dauer nichts ausrichten. Sport muss zur Freude werden, sonst wird es nicht funktionieren!

Such dir etwas, das dir Spaß macht. Es muss nicht das Gerätetraining sein. Ein Spaziergang ist auch Bewegung. Eine Wanderung. Eine Runde schwimmen im See. Oder auch mit Freunden tanzen.

Finde heraus, was du magst, was du gern tust. Und dann mach mehr davon. Dein Körper wird dir dafür danken, dass du ihn nicht länger unter Stress setzt. Und weißt was? Er wird dir das auch zeigen! Wenn dein Körper bisher Bewegung eher verweigert hat, wird er sich plötzlich darauf freuen. Du wirst merken: Je mehr du ihn bewegst, desto mehr Bewegung wird er von selber wollen. Desto mehr Lust auf Sport wirst du haben.

Jetzt fang aber bitte nicht schon wieder an, dich unter Druck zu setzen. Du hast Spaß am Nordic Walking? Super. Und jetzt meinst, du

musst das auch mindestens alle zwei Tage machen, damit es was bringt? Schließlich meint auch dein Sporttrainer, unter dreimal die Woche brauchst du gar nicht anzufangen mit dem Training? Schmarrn! Wenn in dein Leben anderthalb Stunden pro Woche Nordic Walking rein passt und du das mit Freude tust, dann mach das. Genau so. Nur, weil der Profi dir den Zehnpunkteplan vor die Nase hält, musst nicht über Nacht zur absoluten Sportskanone werden. Beginne dort, wo du stehst, und gehe in deinem eigenen Tempo voran.

LASS DIE FINGER VON FREMDEN TIPPS. HÖR LIEBER DARAUF, WAS DEIN KÖRPER DIR SAGT.

Was ich immer superschade finde: Wenn Leute die Fitnesszeitschrift aufschlagen, einfach irgendeinen x-beliebigen Tipp hernehmen und den blind umsetzen. Das kann doch nicht klappen! Am Ende sind die dann immer frustriert und suchen die Schuld dafür bei sich. Blödsinn! Warum soll der Expertenrat denn genau auf dich zutreffen? Der- oder diejenige kennt dich doch gar nicht!
Lass am besten die Finger von fremden Tipps. Ausgenommen sind natürlich gute Personal Trainer oder Coaches, die dich gut kennen. Viel besser ist es aber, wenn du selber auf deinen Körper hörst. Sei achtsam. Schau hin, was er grad jetzt braucht. Manchmal ist Laufen super. Und manchmal eben nicht.

TRAG'S IN DEIN LEBEN

Das Leben ist nicht jeden Tag gleich. Nicht nur, dass du manchmal supergut drauf bist und dich an anderen Tagen schon die kleinste Sache auf die Palme bringt. Nein, es gibt vor allem im Job kaum noch Kontinuität. Morgens ins Büro, den Stapel Sachen wegschaffen und um vier Uhr nachmittags wieder heimfahren – das war einmal. Heute geht es im Job meist hoch her. Da steht eine Messe vor der Tür. Oder

der Riesenauftrag muss nächste Woche raus. Vielleicht steht auch eine wichtige Prüfung an. In solchen Phasen musst du extrem viel Leistung abrufen. Und wenn du die Prüfung bestanden hast oder die Messe gut gelaufen ist, dann kannst du auch wieder ein bisschen kürzertreten, mal durchatmen.

Mach dir klar, dass dein Leben genau aus solchen Stress- und Ruhephasen besteht. Und je nach Lebensphase braucht auch dein Körper ein anderes Programm. In stressigen Zeiten abends noch ins Fitnessstudio? Besser nicht. Anstatt deinem Körper jetzt zusätzlich Stress zu machen, gönn ihm lieber eine Portion mehr Entspannung. Wenn es dann ruhiger wird oder wieder Routine in den Alltag eingekehrt ist, kannst du beim Sport einen Gang hochschalten. Wenn du dich jetzt wieder mehr bewegst, dann tut das deinem Körper gut.

Das Leben hat einen natürlichen Rhythmus aus Tag und Nacht, aus Anspannung und Entspannung. Genauso tickt der menschliche Organismus. Er braucht Phasen der Leistung und Phasen der Erholung, Phasen, in denen er regenerieren kann. Hör gut hin, dein Körper sagt dir, was er braucht. Versuch nicht, unter Druck noch etwas reinzuquetschen. Das bringt nix.

Wenn du müde bist, dann ruh dich aus. Mach erst weiter, wenn dein Körper sich regeneriert hat. Wenn du abends total fertig bist, dann versuch nicht, auch noch der Hengst im Bett zu sein. Schlaf dich aus. Und morgen hast du dann auch wieder Lust ...

6 WER TUT, WOFÜR ER BRENNT, DER WIRD NIE MÜDE

Du triffst dich am Wochenende mit deinen Freundinnen – schön gemütlich zum Frühstücken – und plötzlich bist ganz überrascht, dass es schon dämmrig wird. Oder du verbringst mit deinen Freunden einen Kurzurlaub in den Bergen. Schaust da auf die Uhr und fragst dich, wann der Tag wohl endlich vorbei ist? Sicher nicht, oder? Aber auf der Arbeit ist alles ganz anders. Alles ist anstrengend. Montags fängst schon an, die Tage runterzuzählen bis zum Wochenende. Du sitzt die 40 Stunden lustlos ab. Der Tag zieht sich wie Kaugummi. Das zehrt so was von an den Nerven. Und wenn du ehrlich bist, schaust du so ziemlich die ganze Zeit auf die Uhr. Hab ich recht?

WENN DU STÄNDIG AUF DIE UHR SCHAUST, BRINGT DICH SO ZIEMLICH ALLES AUF DIE PALME.

Überleg mal: Wenn du die ganze Woche nur aufs Wochenende wartest, dann sind das fünf ganze Tage pure Zeitverschwendung. Jede Woche! Dabei hat die Woche 168 Stunden, die du wunderbar nutzen könntest. Aber Arbeit, das bedeutet immer Stress, oder? Immer die gleichen Szenen:

Gerade hast du die letzte Datei fertiggestellt und willst sie ausdrucken. Mittendrin passiert es. Papierstau. Nix geht mehr. Du regst dich tierisch auf. Dieser verdammte Drucker! Diese doofe Präsentation. Das ganze blöde Büro!
Oder du willst die letzte Bodenfliese setzen. Du kannst die lachsfarbenen Dinger schon nicht mehr sehen. Plötzlich fällt sie dir aus der Hand – natürlich auf die bereits gesetzten Fliesen. Zwei springen. Und du musst sie ersetzen. Das darf doch nicht wahr sein! Wütend schmeißt du dein Werk-

zeug in die Ecke und brüllst los. Du wusstest gar nicht, dass du so viele Schimpfwörter kennst.

Kommt dir das bekannt vor?
Weißt was? Bei mir gibt's die auch, die üblichen Alltagsunfälle im Büro. Logisch kenn ich den Papierstau und die Baustelle auf dem Weg zum Kunden ist mir auch vertraut. Aber, hey, solche kleinen Problemchen lach ich ganz einfach weg.
Wie ich das mache? Ich zeig's dir.

ALLES, WAS DICH MÜDE MACHT, IST NICHT DEINE ZUKUNFT

Du erkennst sofort, wenn du nicht für eine Sache brennst. Ich hab selber schon so einen Job gehabt, da hatte ich morgens beim Hinfahren schon Bauchschmerzen.

Meine erste Stelle als Sportwissenschaftler hab ich bei einer halbstaatlichen Organisation angetreten. Ich hab an einer Rückenschule für Auszubildende gearbeitet. Da waren so 14- bis 16-jährige Mädels, die an einem Förderprogramm teilgenommen haben. Du konntest auf Anhieb sehen: Die haben am Rücken und am Bauch zu wenig Kraft. Trotzdem mussten wir mit denen noch etliche Tests durchführen. Und das fand ich einen totalen Schmarrn.
Warum soll ich einen Test durchführen, wenn ich auf den ersten Blick sehe, was nicht stimmt? Die Mädels haben dann einmal die Woche Rückentraining machen müssen. Du konntest sofort sehen, die haben da keinen Spaß dran. Aber ändern konntest du daran nix. Für jeden Ablauf gab es einen Plan mit Checkliste, den du exakt abarbeiten musstest. Da hattest du total strikte Vorgaben. Das musst du so machen! Und das musst du so machen! Und wenn du es doch anders machst, bekommst

eins auf den Deckel. Natürlich versuchst du trotzdem dein Bestes. Aber genau da sind mir häufig Fehler passiert.
Jeden Tag zu so einer Arbeit zu gehen ist für mich einfach richtig Hardcore gewesen. Da hatte ich vorher schon überhaupt keinen richtigen Bock. Ich hab mich nur noch hingequält. Und wenn ich am Abend heimkam, war ich total kaputt. Ganz ehrlich: Da sehnst du dich wirklich nur noch nach Schokolade und Ruhe.

Wenn du das nicht erkennst und solche Dinge auf Dauer durchziehest, brennst du innerlich aus. Ein Ex-Geschäftspartner von mir aus dem Personal Coaching zum Beispiel, der hält auch Vorträge. Das ist zwar ein supernetter Typ. Aber der will immer alles können. Auch alles das, was er überhaupt nicht kann, und ich weiß, dass er sich dabei ganz mühsam zusammenklaubt. Der ist ein guter Geschäftsmann. Aber er ist ein miserabler Moderator. Wenn du dich mit dem unterhältst, weiß der nicht nur alles – der weiß sogar immer alles besser. Mit dem kannst du über Fußball reden oder den Klimawandel oder welche Butter besser auf dein Semmerl gehört – der weiß es!
Der ist klein und trägt einen ordentlichen Ranzen vor sich her. Aber redet über Sport, als wär er aktueller Weltmeister in allen Disziplinen. Der bekommt gar nicht mit, wie unauthentisch er rüberkommt. Der ist stinklangweilig auf der Bühne. Aber wenn er ein Mikro bekommt, gibt er es nicht mehr her und redet, bis alle schlafen. Wenn der was abgibt, dann denkt er, das wäre eine Schwäche. Doch weil er nix aus der Hand gibt, was ihm selber schwerfällt, ist er permanent erschöpft. Der hat Augenringe, die sind so tief wie der Marianengraben. Von dem bekommst du E-Mails um vier Uhr in der Früh. Und im Endeffekt ist der alle paar Tage dann regelrecht weg vom Fenster und muss sich von seinem Job erholen. Den macht sein Beruf krank.
Wenn du so chronisch im Stress stehst, dann weißt du, dass was nicht passt. Dauerstress macht dich auf Dauer superempfindlich. Da braucht es dann nur das kleinste unvorhergesehene Ereignis und

schon bist auf der Palme oder völlig aus der Bahn geworfen – und hast noch mehr Stress, Stress hoch drei.
Auf die Idee, dass er sich einen Beruf ausgesucht hat, der ihm nicht liegt, ist der Typ aber noch nicht gekommen. Kein Wunder: Der weiß ja immer alles besser. Auf einem Meeting für Personal Trainer bin ich vor Kurzem mit einem ins Gespräch gekommen, der auch meinte, er ist ein Oberchecker. Aber: dicker Bauch, Zigarette und redet die ganze Zeit nur über sich und wie erfolgreich er ist. Er würde ja nur ganz Prominente trainieren, hat er geprahlt. Hinterher erfährst du dann, dass er kurz vor der Insolvenz steht. Aber gefragt, wie ich meine Vorträge angehe, hat der selbstverständlich nicht.

DAUERND MÜSSEN MACHT DICH AUF DAUER MÜDE.

Daran kannst du die erkennen, die wirklich richtig sind in ihrem Job. Wenn die echtes Interesse an dem haben, was sie tun, fragen sie dich nach deinen Erfolgsrezepten – da reden sie nicht nur von sich. Und nur wenn du wirklich an etwas interessiert bist, kannst du auch Spaß daran haben.
Dann gehst du mit Feuer zur Arbeit. Mit echtem Feuer. Und das ist etwas ganz anderes als negativer Stress.

SABOTIERE DICH NICHT SELBER

Ein Ass am Computer, eloquent am Telefon, ein begnadeter Texter und die extreme Rampensau auf der Bühne. In der Freizeit ein eleganter Tänzer, Supersportler und auch Modellbau mit dem Sohnemann ist überhaupt kein Problem. Na, trifft die Beschreibung auf dich zu? Wenn du jetzt Ja sagst, bist du entweder Superman oder total im Megastress. Ich tipp mal auf den Megastress.

WENN DU ALLES KANNST, BIST DU ENTWEDER SUPERMAN ODER IM MEGASTRESS.

Dieses Bedürfnis, in allem supergut zu sein, ist ganz tief in uns verankert. Und so kämpfst du an sämtlichen Fronten gleichzeitig. Du fummelst stundenlang am Computer, kriegst es aber nur semigut hin. Du schiebst einen Rhetorikkurs nach dem anderen ein, obwohl du dich auf der Bühne total unwohl fühlst. Deiner Frau zuliebe gehst du mit zum Tanzkurs, aber so recht klappen will das nicht. Irgendwie machen die Beine nicht das, was sie sollen. Schad um die schöne Zeit, oder?

Weißt was? Dieser Krampf muss gar nicht sein. Du musst nicht alles können! Steh zu deinen Schwächen. Es gibt halt ein paar Dinge im Leben, die kannst du einfach nicht. Das ist total normal. Aber die wenigsten trauen sich, das zuzugeben. Ich hab jedenfalls bisher kaum jemanden getroffen, der mir gradheraus gesagt hat, dass er etwas gar nicht kann. Stattdessen reiben sich viele Menschen auf, machen sich einen Megastress, sind supergenervt und am End können sie alles nur ein bisschen.

Aber die Welt braucht eigentlich keinen, der alles nur ein bisschen kann. Im Job kannst du nur mit etwas erfolgreich sein, was du richtig gut kannst. Finde heraus, was deine Stärken sind, und mach daraus eine echte Spezialisierung.

Erwarte jetzt aber nicht, dass du eine massive Schwäche zu deiner größten Stärke machen kannst! Wenn dir die Bühne nicht liegt, dann kannst du dir noch so viel Handwerkszeug draufschaffen, du wirst dich hier nicht wohlfühlen. Alles, was du tust, wirkt verkrampft. Das merken auch deine Zuhörer. Wirklich erfolgreich wirst du dabei nie!

Mein Taktgefühl ist z.B. wirklich schlecht. Das hat mich fast mein Sportstudium gekostet. Und meine Buchhaltung hab ich vom ersten Tag an, auch als die Firma noch mini klein war, vergeben, weil ich da absolut keinen Spaß dran hab, ich weiß aber, mein Steuerberater hat Spaß dabei. Deshalb ist der so gut darin.

WENN DU DICH ZU ETWAS ZWINGEN MUSST, WIRD ES NIE GUT!

Wenn du dich zu etwas zwingen musst, wird es nie gut!
In der Partnerschaft erlebe ich das superoft. Der Mann paddelt für sein Leben gern. Die Frau geht leidenschaftlich gern ins Kino. Nun will man ja unbedingt was zusammen machen. Also setzt einer den anderen unter Druck und man findet einen Kompromiss. Die Frau geht am Wochenende mit zum Paddeln. Der Mann geht mit ihr ins Kino. Klingt gut? Schmarrn.
Ein Kompromiss ist nie wirklich gut. Einer von beiden ist immer über- oder unterfordert. Klar ist es das Schönste, wenn beide das Gleiche wollen. Aber wenn nicht, dann ist das auch okay. Statt sich gegenseitig unter Druck zu setzen, sollte lieber jeder tun, was er mag. Wenn dann beide glücklich von ihrem Hobby nach Hause kommen, haben sie doch viel mehr Freude aneinander, oder? Ab und zu sein eigenes Ding zu machen, ist doch tausendmal besser, als den anderen zu irgendetwas mitzuschleppen, bei dem er keine Freude hat.
Schau, dass du was Produktives mit deiner Zeit anfängst. Tu, was dir Spaß macht. Dabei ist es gar nicht so wichtig, dass du das besonders gut machst. Hauptsache, du bist mit Herzblut dabei. Das beflügelt dich und schont die Nerven.

MACH DEIN DING! DAS SCHONT DIE NERVEN.

Schau, dass du deine Stärken einsetzt. Wenn du etwas nicht kannst, dann gib es weiter an andere – an die, die es besser können. Wenn jeder seine Stärken aufs Buffet legt, dann können andere darauf zugreifen.

So wie bei meiner Mama damals. Die betrieb einen Handarbeitsladen, in dem sie leidenschaftlich gern arbeitete. Das war total ihr Ding. Nicht ihr Ding war der Garten, den wir damals hatten. Sie hat es gehasst, das Unkrautzupfen oder Büscheschneiden. Abends nach dem Geschäft noch

Komposthaufen umsetzen? Der Horror. In einem Gespräch mit einer befreundeten Familie kam heraus, dass die total gern im Garten waren. Sie liebten es, mit ihren Kindern zu pflanzen und zu ernten oder auf dem frisch gemähten Rasen Fußball zu spielen. Tja, und diese Familie hat sich dann um unseren Garten gekümmert. Für beide Seiten ein echter Gewinn!

Wenn sich jemand mit irgendwas herumquält, was er einfach nicht mag und nicht gut kann, hat am Ende niemand etwas davon. Vor Kurzem hab ich mal einen Mitarbeiter von mir gebeten, einen wichtigen Brief zu schreiben. Ich wusste schon, dass das nicht seine Stärke ist, hab ihm die Aufgabe blöderweise dennoch gegeben. Er hat sich dann total reingehängt, sich sogar noch Hilfe geholt. Wir hätten beide die Finger davon lassen sollen. Denn am Ende musste ich trotzdem die halbe Nacht investieren und den Brief neu schreiben. Er war einfach nicht gut.
Das ist das A und O im Job, in der Freizeit und in der Beziehung: Spiel dort, wo du richtig gut bist!
Die Frage ist: Wie kannst du richtig gut werden?

TU, WAS DU RICHTIG GERN MACHST

Weißt, woran du erkennst, dass du richtig gut in etwas bist? Du brauchst keine lange Vorbereitung. Da, wo du dich nicht lange einarbeiten musst, sondern einfach gekonnt loslegst, hast du Talent! Schau nicht, was der Kollege total gut kann. Das macht dir nur unnötigen Stress. Und es bringt auch nix, wenn du versuchst, ebenso gut zu werden wie er. Schau besser auf dich selber! Forsche nach deinen eigenen Talenten! Wenn du zurückdenkst: Welche Fächer hast du früher in der Schule gern gemacht? Was ging dir superleicht von der Hand, während andere sich damit total abmühten? Wobei verfliegt heute die Zeit, ohne dass du ständig auf die Uhr schaust?

Vielleicht ist dein Ding ja, jemandem was beizubringen. Vielleicht tüftelst du auch stundenlang begeistert an der neuen App und merkst gar nicht, dass es schon dunkel wird. Oder man reicht dir kurz vor Vortragsbeginn noch eine Themenänderung rein und du läufst zur Höchstform auf. Du liebst es einfach, total zu improvisieren.
Genau dann, wenn der Job dir keine Mühe macht, dann bist du in deinem Element. Das heißt nicht, dass du dich nicht anstrengst. Aber du bist dabei trotzdem extrem energiegeladen, auch wenn dich der Job mehr als acht Stunden am Tag fordert.

ALLES, WAS DICH MÜDE MACHT, IST NICHT DEINE ZUKUNFT.

Bei mir fragen sich die Leute auch oft, wie das sein kann, dass ich bei dem Arbeitspensum nie müde werde. Darauf gibt's eine ganz einfache Antwort: Ich tu das, wofür ich brenne.
Mein Job wäre der totale Horror, wenn ich am Abend irgendwo 150 Leuten krampfhaft etwas beibringen müsste, während vielleicht nebenan Fußball läuft. Funktioniert nicht.
Weißt, wenn ich abends um acht Uhr einen Vortrag halte und ich bin vielleicht seit sechs Uhr unterwegs, dann geh ich trotzdem mit Schmetterlingen im Bauch nach Hause. Das liegt nicht daran, dass ich mit Geld überschüttet werde. Nein. Das liegt vielmehr daran, dass ich mit Menschen zusammenarbeite, die mit mir für das Thema brennen. Da kann es noch so spät werden und ich bin trotzdem voll dabei.
Nächste Woche wird mal wieder eine echte Hammerwoche. Da bin ich so richtig unterwegs. Österreich, Deutschland, Schweiz. Jeden Tag ist was los.
Und weißt was? Ich freu mich total drauf. Ich werd Vorträge halten und all unsere Teams treffen. Ich werd von früh bis in den Abend in Aktion sein, auf der Bühne, im Gespräch oder im Auto.
Klar, ich weiß jetzt schon: Das wird nicht die Sportwoche. Aber ich weiß auch: Das wird eine dieser ganz intensiven Wochen, eine, in der ich extrem bewusst lebe. Kekse, hektischer Business-Lunch und

abends spät noch eine Pizza? Nein. Ich werde in der Woche grad besonders konsequent versuchen, das Richtige zu essen. Für Sport werd ich eh keine Zeit haben. Also werde ich meinen Körper extrem gut versorgen, am Ende damit wohl zwei bis drei Kilo abnehmen – und körperlich sogar besser in Shape sein als jetzt! Manche Leute geben viel Geld für so eine Woche aus. Ich verdien welches damit.
Aber das wirklich Großartige sind die Menschen, mit denen ich zu tun haben werde! Ich werde von lauter Menschen umgeben sein, die mich inspirieren. Menschen, die genau wie ich begeistert davon sind, sich und anderen etwas Gutes zu tun. Es gibt wohl kaum eine ergiebigere Energiequelle, als sich gemeinsam für etwas zu begeistern, oder? Müde wird da keiner von uns!

TU DAS, WAS DIR SPAß MACHT, UND SUCH DIR MENSCHEN, DIE DICH INSPIRIEREN UND DENEN DU VERTRAUST.

Merkst was? Wenn ich alles zusammenzähle, werde ich sicher 80 bis 90 Stunden arbeiten, aber umgeben von Freunden, bei denen ich darauf vertrauen kann, dass sie das Gleiche wollen wie ich, ist das alles gut. Es wird eine Hammerwoche und wir werden Glückshormone ohne Ende tanken. Klar, dass ich mich darauf freue, oder?
Wenn du etwas tust, das dir Spaß macht. Wenn du mit Menschen arbeitest, die dich inspirieren, die sich für das Gleiche begeistern können. Dann bist du genau richtig. Dann wirst du von deiner Arbeit beflügelt, anstatt ständig gegen Widerstände anzukämpfen. Dann kannst du aus deiner Woche 168 Stunden Qualitätszeit rausholen!

DER WEG IST DAS ZIEL

Kleinvieh macht auch Mist. Das sagt man so schön, gell? Und das stimmt auch. Es sind die kleinen Erfolge, die dir in Summe massig Energie geben. Wenn du Spaß an dem hast, was du täglich tust, wirst

du super in deinem Beruf aufgehen. Denn da, wo du Spaß hast, wirst du automatisch gut. Das ist ein Selbstläufer, das kann gar nicht schiefgehen. Das ist, wie wenn du frisch verliebt bist. Da brauchst du auch keine acht Stunden Schlaf jede Nacht, sondern hast Energie für mehr. Da gehst du abends mit einem breiten Grinsen ins Bett und freust dich auf den nächsten Morgen.

Wenn du so voller Power in den Tag gehst, kannst du auch den größten Berg erklimmen. Ich nenn das Erfolgsstress. Erfolgsstress fühlt sich richtig, richtig gut an. Du strahlst von innen heraus und wirst nicht müde. Ein Kunde von dir hat Terminprobleme und erwartet den Trainingsplan morgen früh statt in einer Woche? Kein Problem! Ein Geschäftspartner will noch mal den abgesprochenen Vertrag nachverhandeln. Okay, get it done! Das haut mich nicht um, weil es Sachen sind, die ich supergern mache und die mich hammermäßig motivieren. Wenn du gut drauf bist, steckt das auch andere an. Im Erfolgsstress fegst du solche Problemchen weg wie ein Wirbelwind.

LEBENSFREUDE KOMMT DURCH FREUDE AM EIGENEN TUN.

Drum bring dich auf den Weg, dann geht's dir so super wie mir.

Vielleicht steckst du – wie ich damals – in einem Job, der dir keinen Spaß macht. Dann sprich es an. Du meinst, du kannst im Unternehmen besser eingesetzt werden, oder irgendetwas geht dir komplett gegen den Strich? Red darüber: „Chef, Verkaufsgespräche und Einkauf sind

so gar nicht meins. Aber in der Personalabteilung, da würd ich richtig aufgehen." Jeder Unternehmer freut sich, wenn seine Leute von sich aus auf ihn zukommen und ihm sagen, was sie gut können. Und wo sie mit ihren Fähigkeiten besser eingesetzt wären. Nix schlimmer, als ein Mitarbeiter, der immer nur „Ja" sagt und nur stumpf abarbeitet.
Viele Dinge lassen sich lösen, wenn du mit deinem Vorgesetzten das Gespräch suchst. Und wenn es gar nicht anders geht, such dir einen Job, der optimal zu dir passt, und kündige deinen alten! Wenn du partout nicht aus deinem Job herauskannst, dann probier es mit einem Hobby. Irgendwas wird dir schon einfallen. Such dir etwas, wo du brillieren kannst und wo du total aufgehst. Das ist besser als gar nix.
Henry Ford kennst du, oder? Das ist der Erfinder einer der größten Automarken der Welt. Und weißt du, warum er das geschafft hat? Weil er einen eigenen Weg gegangen ist: Statt wie alle anderen Wettbewerber die Autos einzeln zu montieren, hat er das Fließband erfunden. Mein Rat: Mach es wie Henry Ford. Probier was Neues. Es gibt unendlich viele Möglichkeiten, Erfolg zu haben.

MACH ES WIE HENRY FORD: PROBIER WAS NEUES!

Was zählt, ist das Ergebnis. Aber ganz wichtig ist der spaßige Weg dorthin. Spaß und kein Ergebnis ist okay. Aber wenn du keinen Spaß und kein Ergebnis hast – das ist der Horror. Was würden dem Sebastian Vettel seine ganzen Formel-1-Pokale wert sein, wenn er das Autofahren hassen würde. Klar wird das immer noch supergut entlohnt – aber jedes Rennen wäre verschwendete Lebenszeit. Der Weg ist das, was Spaß und Sinn macht.
Es ist eigentlich ganz einfach. Tu, was gut für dich ist.
Schau dich nicht schon in der Früh als Versager an. Trauer nicht, dass du kein Millionenerbe bist, sondern geh es an. Hör nicht auf die vielen Nörgler und Besserwisser, die versuchen, dir das Leben schwer zu machen! Hör auf dein Bauchgefühl und deine Intuition. Dann fin-

dest das ganz schnell heraus. Und zur Not hilft dir immer der gesunde Menschenverstand dabei, die richtige Entscheidung zu treffen.
Mach dir nix vor, du wirst immer mal wieder danebenliegen. Das geht mir so, das geht allen so. Nimm's dir nicht so zu Herzen. Kleine Fehler gehören immer dazu, wenn du einen Weg gehst, den vor dir noch keiner gegangen ist! Es gibt nur zwei große Fehler, die du machen kannst: Entweder du traust dich nicht, dein Ding zu starten – oder du gibst zu früh auf!

7 ZU VIEL EGO SCHADET DEM TALENT

Ich kannte mal einen, der stand bei mir im Studio vor einem brandneuen Gerät. Ich bin gleich auf ihn zu und wollte es ihm erklären. Aber der winkte gleich ab und meinte etwas arrogant: „Des brauchst mir nicht erklären. Des kann ich scho.“ Ich hab nur mit den Schultern gezuckt. Und mich um einen anderen Kunden gekümmert.
Ein Kollege von dem Kerl trainierte auch in diesem Studio. Von dem hörte ich einige Tage später, dass sich der Depp an dem Gerät eine Bänderdehnung zugezogen hatte. Und weißt was? Das tat mir nicht mal wirklich leid. Ego-Typen wie den hab ich echt gefressen.
Und sein Kollege sah das auch so: „Dem geschiehts nur recht. Das ist ein Obermacho. Vor allem auf der Arbeit. Der macht seinen Job richtig gut. Aber in der Kantine setzt sich keiner zu ihm. Der zieht jedes Projekt allein durch. Keinen freut's, mit dem zusammenzuarbeiten.“
Monate später kam er wieder auf mich zu und erzählte breit grinsend: „Du, bei dem geht grad ein Projekt nach dem anderen in die Hose! Von einigen Dingen hat der einfach null Ahnung. Der packt's einfach nicht. Aber selber schuld! Der war sich für jede Weiterbildung zu schad und für jedes Feedback zu schlau. Und uns Kollegen um Hilfe gebeten hat er auch nicht. Jetzt steht er allein da. Und die ganze Abteilung lacht sich ins Fäustchen – das bringt aber auch keinem was.“
Talent für etwas zu haben ist super! Aber du musst aufpassen, dass du nicht abhebst, wenn du dich nur auf dein Talent verlässt. Dann bekommst du schnell ein Mega-Ego. Und mit dem wirst nicht weit kommen.
In der ersten Lebenshälfte mag dich dein Talent weiterbringen. In der zweiten braucht's schon mehr.

TALENT IST NICHT ALLES

Mit dem Talent ist es wie mit dem Aussehen. Bis Mitte 20 schaust von Natur aus fesch aus. In der zweiten Lebenshälfte entscheidest du, ob das auch so bleibt. Da musst immer mehr auf deine Ernährung und deine Bewegung achten.

DIE BESTEN IN DER SCHULE SIND NICHT DIE EINSTEINS DER WIRTSCHAFT.

Mit dem Talent ist es nicht anders. Aus Erfahrung sag ich: Die besten in der Schule sind nicht immer die Einsteins der Wirtschaft. Hättest du gedacht, dass die meisten Selbstständigen keinen Studienabschluss haben? Krass, oder?

Ein Student, der mit Leichtigkeit ein Superzeugnis hinlegt, der hat schon Vorteile bei der Bewerbung, klar! Auch in den ersten Jahren seiner Karriere fährt der dank seines Talents wahrscheinlich den einen oder anderen Erfolg ein. Aber das garantiert nicht den langfristigen Erfolg. Auch ein Megatalent muss an sich arbeiten, um weiterzukommen.

Und was motiviert dich dann, weiterzukommen? Ich sag's dir: Das ist nicht dein Talent, sondern deine Leidenschaft! Wenn du etwas leidenschaftlich gern tust, hast du auch den Willen, an dir zu arbeiten.

Ich weiß das aus eigener Erfahrung. Ich hatte schon immer ein gutes Gefühl für meinen Körper, auch wenn ich nie der Supersportler war. Deshalb war ich im Sportstudium anfangs auch nicht gerade der Beste. Aber weil es meine Leidenschaft war, hab ich durchgehalten. Und hab aufgeholt und bin ja heut auch ganz schön weit gekommen.

Wenn du so richtig Talent für etwas hast, sag dir immer: Da geht noch mehr! Dein Talent kannst du ausbauen. Ruh dich nicht auf deinen Lorbeeren aus, sonst wirst faul und kommst nicht weiter.

Die Kombi aus Leidenschaft, hartem Training und Talent, die zahlt sich am meisten aus! So ein Cristiano Ronaldo zum Beispiel. Der hat sicher ein spitzenmäßiges Ballgefühl. Von der Leidenschaft zum Fußball ganz zu schweigen. Aber glaubst du, der wär so weit gekommen, wenn der nicht auch zweimal täglich trainieren würde?
Stimmt schon, der Ronaldo hat ein dickes Ego. Aber achte mal drauf: Das hat er nicht auf dem Feld. Da spielt er seinen Mitspielern einen Pass nach dem anderen zu. Wenn der nie nach rechts und links schauen würde, wäre er auf dem Spielfeld ganz schön einsam. Und viel weniger erfolgreich.

EGO MACHT EINSAM

Erinnerst du dich noch an die Schulkameraden, die in fast allen Schularbeiten und Klausuren Einser hatten? Solche Megastreber hat's an jeder Schule. Wer so drauf war, saß vorn und gab die Aufgabenzettel fertig gelöst ab, bevor der Lehrer fertig mit austeilen war. Aber wenn du den mal gefragt hast, ob er dir kurz etwas erklären kann, hast du nur einen saublöden Spruch kassiert. Beim Lehrer war der superbeliebt – aber bei seinen Mitschülern immer total unbeliebt! Denk mal zurück an deine Schulzeit, da fällt dir sicher wer ein.
Klar, wenn du oft genug für eine Sache gelobt wirst, weil du sie besser als andere gemacht hast, dann ist die Versuchung groß, sich besser als alle anderen zu fühlen. Es ist super, wenn du Selbstbewusstsein aufbaust, weil du weißt, was du kannst. Aber es ist superschlecht, wenn du selbstgefällig wirst. Weil du meinst, du bist besser als andere.

DU KANNST LANGE NICHT ALLES. UND DU KANNST AUCH NICHT ALLES BESSER.

Du kannst was, weil du dafür Talent hast. Und wenn du dich nicht auf deinem Talent ausgeruht hast, bist du vielleicht in deinem Metier

eine echte Hausnummer. Aber ich sag dir: Du kannst lange nicht alles! Und du kannst auch nicht alles besser.
Schau dir mal den David Alaba an. Der ist gerade zum fünften Mal in Folge Österreichs Fußballer des Jahres geworden. Das ist ein Spitzenspieler. Aber nur auf den Positionen, die er häufig spielt. Stellst du den ins Tor, da kassiert der zweistellig. Die Journalisten würden ihn nicht mal mehr zur Wahl nominieren.
Und wenn er allein in einem Drittligaverein spielen würde, säh er auch alt aus. Auf dem Spielfeld nimmt jeder seine stärkste Position ein: Der Stürmer, der Abwehrspieler, der Tormann.
Und der FC Barcelona ist nur so erfolgreich, weil er so vielseitig talentierte Fußballer in seinem Kader hat. Lionel Messi wäre nicht einer der besten Fußballer der Welt, wenn er seine Kollegen nicht hätte! Irgendjemand muss ihm ja den Ball zuspielen. Messi ist ein Teamplayer. Wäre der ein Eigenbrötler, würde ihm in der Kabine sicher keiner auf die Schulter klopfen, wenn er einen Elfmeter versemmelt.
Jeder erfolgreiche Sportler weiß, dass er es allein nicht weit bringt. Das gilt sogar für die Sportarten, in denen nur einer im Fokus steht – wie beim Boxen. Meinst du, der Vitali Klitschko wäre so lange Jahre Weltmeister im Schwergewicht geblieben, wenn er sich ganz allein ohne Team auf Titeljagd begeben hätte? Mit Sicherheit nicht! Auch wenn du Talent hast, bleibst du auf andere angewiesen.

JEDER ERFOLGREICHE SPORTLER WEIß, DASS ER ES ALLEIN NICHT WEIT BRINGT.

Selbst wenn du irgendwas besser als andere kannst, gibt es immer Dinge, die du gar nicht kannst. Es gibt also keinen Grund, überheblich zu sein und auf andere herabzuschauen. Wenn du mit deiner Überlegenheit angibst, macht dich das nur unsympathisch. Und dann geht's dir wie den Streberhaxn auf dem Schulhof: Du stehst allein mit all deinen Einsern in der Ecke, weil keiner etwas mit dir zu tun haben will. Und den Spaß haben die anderen.

MIT DEM EIGENEN TALENT ANDERE UNTERSTÜTZEN, DAS IST DIE KRÖNUNG

Dein Potenzial ist ein super Kapital, das du viel besser einsetzen kannst, als es nur für dich selber zu genießen. Stimmt schon, es macht einen ungeheuren Spaß, wenn du etwas richtig gut kannst und für dich durchziehst. Für den Reini, von dem ich dir schon erzählt hab, ist es immer eine super Gaudi, wenn der mit seinem Ski in Bodennähe den Hang runterbrettert. Und wenn er da die bewundernden Blicke auf seiner Seite hat, ist das der Zuckerguss auf der Torte. Wenn ich auf der Bühne Applaus ernten darf, ist das etwas Wunderschönes – so etwas Schönes darfst du auch ruhig mal auskosten.

Aber feier dich nicht immer nur selber hardcoremäßig, sondern gib dein Talent auch ein bisserl weiter. Wenn du immer nur dich ins Rampenlicht stellst, bleibt kein Platz für die anderen. Die anfängliche Bewunderung schlägt dann schnell in Neid um. Wenn du dein Talent so einsetzt, stehst du bald in der Streberecke. Nutze dein Potenzial, um anderen zu helfen, ihr Potenzial zu entfalten! Dann kommst du wie von selber nach oben.

Jeder hat etwas, das er richtig gut kann, und vielleicht steht vor dir ein noch größeres Talent, als du es bist. Wär es nicht supergeil, wenn du es bist, der das rauskitzelt?

Weißt wie geil das ist, wenn Leute von mir auf der Bühne stehen und gefeiert werden und ich von unten voller Freude die Fotos machen darf? Das ist die höchste Dimension.
Ich lieb das total, wenn ich merke, dass ich etwas Positives bei meinen Klienten und Teampartnern bewirken kann. Da hast jemanden, der kommt mit brutalen Gewichtsproblemen und ist gesundheitlich angeschlagen. Und wenn ich den nach dem Trainingsprogramm nach Hause schick, ist der fit wie ein Turnschuh und hat seine Lebensqualität zurück. Der ist so dankbar. Und wenn der am Ende fitter ist als ich, ist das einfach eine Bombenleistung. Und weißt was? Da bin ich net neidisch drauf. Da freu ich mich einfach für ihn. Da freu ich mich tierisch, wenn der sich freut. Weil ich weiß: Das war ich! Du fühlst dich einfach spitze und gehst superzufrieden heim, wenn du so was geschafft hast.
Dazu musst du nur dein Ego zurückschrauben. Lass die anderen glänzen. Frag dich mal: Was haben andere davon, dass es dich gibt? Nur einen fixen Punkt für ihre Bewunderung? Das ist auf Dauer zu dünn, als dass dir oder denen das lange gefällt. Oder kannst du dich in ihren Dienst stellen und ihnen nützen?

WENN DU ANDERE GLÜCKLICH MACHEN KANNST, DAS IST DIE KRONE!

Wenn du mit deinem Talent zufrieden bist, ist das schon eine super Leistung. Selbst glücklich zu sein ist der Hammer. Aber wenn du andere glücklich machen kannst, das ist die Krone. Denn aufrichtige Anerkennung von anderen ist richtig geil. Und das Beste daran: Diese Verbündeten können dir wieder helfen, noch besser zu werden!

LASS DIR VON ANDEREN MENSCHEN DABEI HELFEN, NOCH BESSER ZU WERDEN!

Selbst ist der Mann! Oder auch: Selbst ist die Frau! Das ist so ein Spruch, den du immer im Zusammenhang mit Leistung hörst. Der sagt nix anderes aus, als dass nur du allein das erreichst, was du willst. Ich sag dir, das ist ein Schmarrn! Sicher, fang bei dir an, dann kommst du weit. Aber mit Verbündeten kommst viel weiter.

Wie ich angefangen hab, meine Firma aufzubauen, hab ich auch alles selber gemacht. Ich hab jeden Vertrag dreimal gecheckt und mich unglaublich schwergetan, Dinge abzugeben. Selbst die, von denen ich keine Ahnung hatte! Du wächst ja mit deinen Aufgaben, hab ich gedacht ... Und klar, wenn du meinst, du kannst alles besser, dann machst auch schon mal einen Fehler. Aber wenn was schiefgegangen ist, hab ich mir gesagt: Ist okay, da hab ich wenigstens was draus gelernt. Beim nächsten Mal weiß ich es besser. Weiter geht's!

Bis ich einen Kollegen getroffen hab, der auch gerade seine Firma aufbaute. Und wie wir uns über unsere Erfahrungen austauschen, stell ich fest, dass der die gleichen Fehler wie ich gemacht hat. Nur bei dem war's noch ein bisschen krasser. Der hatte die Firma von seinem Vater übernommen und dann das Geschäft vehement gegen den Rat seines alten Herrn geführt. Nicht aus Bosheit, die konnten total gut miteinander. Sondern einfach, weil er meinte, es selber machen zu müssen. Damit hätte er den Familienbetrieb fast gegen die Wand gefahren. Da ist mit klar geworden: Wie dumm ist das, nur für dein Ego auf die Erfahrungen eines ganzen Geschäftslebens zu verzichten? Du musst nicht jeden Fehler noch mal machen. Lern aus den Fehlern der anderen.

Ich find's immer wieder lustig zu sehen, wenn da einer frisch von der Uni zu uns kommt. Noch kein halbes Jahr gearbeitet, aber er versucht, uns zu erklären, wie das Geschäft läuft.

FRAG DIE LEUTE, DIE ERREICHT HABEN, WAS DU NOCH ERREICHEN WILLST, WIE SIE DAS GESCHAFFT HABEN.

Frag einfach mal die Leute, die erreicht haben, was du noch erreichen willst, wie sie das geschafft haben. Statt sie mit deinen Lebensweisheiten vollzuratschen. Da erhältst du viele wertvolle Tipps.
Dafür musst du nur dein Ego ein klein bisschen zurücknehmen. Wenn du anderen zugestehst, dass sie auch klug sind, und dir eingestehst, dass du vielleicht nicht immer recht hast – ich sag dir, das tut gar nicht weh.
Ich hab einen guten Freund, der wollte unbedingt Jonglieren können. Also hat er sich Jonglierkegel gekauft und dann munter drauflos probiert. Als ich den das nächste Mal treffe und frag, ob er jetzt schon im Zirkus auftreten kann, sagt er so halb zerknirscht, er hat erst mal aufgegeben. Das sei gar nicht so leicht.
Ich hab ihm dann geraten, mal zu einer Jongliergruppe zu gehen, die könnten ihm sicher den einen oder anderen Kniff zeigen. Heute jongliert der mit allem, was nicht niet- und nagelfest ist. Ich rat dir: Nimm Hilfe von denen an, die da sind, wo du hinwillst. Dann kommst nicht nur leichter dorthin, sondern hast Spaß dabei und lernst obendrein sympathische Leut mit den gleichen Interessen kennen, die nur schon länger dabei sind.
Von denen kannst du viel lernen. Richtige Spezialisten haben eine Menge Erfahrung auf ihrem Gebiet. Und was das Schönste ist: Denen geht das Herz auf, wenn sie ihre Erfahrungen teilen können.
Alle Menschen ticken so. Ich auch. Wenn ich jemandem Tipps geben kann, wie er fit oder – noch besser – glücklich und erfolgreich wird, freu ich mich wie ein kleines Kind. Jeder hat eine Stärke und ist in irgendeinem Thema besser drin als ein anderer. Du kannst von jedem Menschen etwas lernen. Bei einigen ist das leichter, bei anderen ist das schwerer.
Vielleicht hat du da jemanden, der dir auf den ersten Blick unsympathisch ist. Ja, das ist schon eine kleine Herausforderung, was? Vor

allem wird dir so jemand kaum von sich aus helfen. „Aber selber unter einer grauen Schale steckt ein bunter Kern", das hat mein Opa immer gesagt. Auch von denen kannst du dir Sachen abschauen – du musst nur richtig gut zuhören. Worüber spricht der total gern, bei welchem Thema werden seine Augen größer, wo klingt die Stimme erregter? Versuch mal, auch bei Personen, die dir auf den ersten Blick nicht liegen, das Gute zu finden. So eine externe Sichtweise ist immer hilfreich. Und vielleicht hat ja gerade der einen super Ansatz dabei, der dir unsympathisch ist.

DAS ZAUBERWORT IST: KOMMUNIKATION!

Wenn du auch mit denen umgehen kannst, die dir nicht sympathisch sind, kannst du nur gewinnen. Das Zauberwort ist: Kommunikation. Und das Tolle daran ist: Die richtige Kommunikation kannst du trainieren. Damit kannst du gleich anfangen. Wenn du dich das nächste Mal unterhältst, dann fahr dein Ego zurück und schau einfach mal, auf was die Leute reagieren. Hör zu, frag nach, sei aufmerksam. Wenn du das raushast, ist es kein großer Schritt mehr, dir ein großes Netzwerk von Verbündeten aufzubauen.

DU BRAUCHST EIN STARKES TEAM

Logisch, ein Einzelsportler ist stolz auf seine Leistung! So freut sich auch der Skifahrer, wenn er bei einem Rennen als Erster über die Ziellinie brettert. Ich sag dir, richtig super wird's aber erst, wenn er seinen Trainer mitfeiern sieht. Da fühlt sich der Sieg gleich doppelt so schön an!

GEMEINSAM ETWAS ERREICHEN, DAS MACHT RICHTIG FREUDE!

Mal ehrlich, so ganz allein macht nix Spaß, oder? Erfolge teilen, gemeinsam etwas erreichen – erst das macht so richtig Freude! Teamarbeit ist was Feines! Jeder bringt seine eigenen Talente mit und schlüpft automatisch in seine Rolle. Wenn eine Gruppe so richtig bunt ist, macht schon der Weg zum Ergebnis Spaß!
Und mit einem bunt gemischten Team hast du die besten Chancen auf Erfolg. Sogar ein Spitzenrennfahrer wie Lewis Hamilton würde ohne seine Crew aus Ingenieuren und Mechanikern alt aussehen. Oder meinst du, der könnte den Reifenwechsel im Rennen fix allein durchziehen? Ich glaub nicht. Auch die ganz großen Superstars brauchen ein Team um sich. Wenn du Supermusik machen willst, brauchst du eine gute Band und Menschen, die dich auf deinen Touren begleiten.
So ist es auch in der Arbeitswelt. Kein Chef muss allwissend sein. Das gibt's nicht! Und das braucht's auch nicht. Niemand kann alles! Dafür hat ein Abteilungsleiter seine Mitarbeiter. Wenn der denkt, er könnte alles besser, und er zieht auch ständig alles allein durch, vergrault er mit seinem Ego das ganze Team. Und am Ende scheitert er, weil er sich überschätzt hat.
Den Mann mit dem Bänderriss hab ich übrigens erst neulich beim Workout im Park wiedergesehen. Und sieh da: Diesmal war er nicht allein! Wer da neben ihm lief, glaubst mir nie: Das war tatsächlich dieser Kollege, der sich damals so bei mir über ihn aufgeregt hatte! Und ich sag dir, die hatten Gaudi zusammen! Die hatten Spaß ohne Ende!
Natürlich war ich neugierig. Also hab ich den Kollegen bei seinem nächsten Besuch in meinem Fitnesscenter angesprochen. Ich hab ihn gefragt, ob jetzt alles wieder in Ordnung sei. Daraufhin meinte er begeistert: „Mit seinem Ego-Trip damals ist der ja richtig auf die Schnauze gefallen. Seitdem hat er sich echt verändert. In den folgenden Projekten hat er sich erst mal ganz klein gemacht. Mittlerweile bringt er sich wieder ein, aber nicht so dominant wie früher. Der ist ein toller Kollege geworden. Er respektiert andere für ihre Leistungen und lobt bei Erfolgen das ganze Team. Jetzt steht das Projektteam hinter ihm. Auch wenn mal was danebengeht!"

TEIL 3:

WIE DU AUS DEM MANGEL **IN DIE FÜLLE** KOMMST

1 GEH RAUS!

Frische Luft ist gut für deine Gesundheit und für deine Abwehrkräfte. Klar, das hast du schon als Kind gehört, aber ich sag's dir gern noch mal. Weil es echt wichtig ist! Und weil die meisten das vergessen haben.
Wenn du rausgehst, kannst auch gleich ein paar Schritte tun! Dein Körper ist auf Bewegung ausgelegt. Der ist von Natur aus bewegungssüchtig. Das ist wie mit einem Motor, der seine Betriebsstunden braucht. So muss auch dein Herzmuskel bewegt werden, um gescheit zu arbeiten. Ich sag immer: „Use it or lose it!"
Obwohl sie alle ständig über Gesundheit reden, hocken die Leut heutzutage viel zu oft in stickigen Räumen. Das weiß ich, das weißt du, eigentlich wissen das alle. Aber nur die wenigsten tun was dagegen. Dabei braucht der Mensch Sauerstoff. Unbedingt! Und Sonne. Dass ein Besuch im Solarium da nix nützt, muss ich dir nicht sagen, oder? Na also. Du brauchst das Tageslicht! Was sitzt noch rum? Geh raus!

DRINNEN IST'S UNGEMÜTLICH

Ich kenne einige, die sich morgens zu ihrem Carport schleppen, sich ins Auto setzen, neun Stunden auf ihrem Bürostuhl kleben und nach Feierabend mit dem Aufzug wieder in die Tiefgarage runterfahren. Die brauchen zwischendurch nicht aus dem Fenster zu schauen, ob die Sonne scheint. Das sagt ihnen ihre Wetter-App. Aber warum checken die überhaupt das Wetter, wenn sie nicht rausgehen?
Deinem Körper tut es gar nicht gut, wenn du den ganzen Tag nicht vor die Tür gehst. Der zahlt dir das retour! Hast schon mal über Kreuzweh geklagt? Oder brummt dir öfter der Schädel? Kennst jemanden mit Bluthochdruck oder Herz-Kreislauf-Beschwerden? Mit Verdauungsproblemen oder Übergewicht? Bist du schnell gestresst? Das

alles sind Symptome von Mangel an Bewegung, an Frischluft, an guter Ernährung!

Wenn du den ganzen Tag im Sitzen verbringst, tust du auch deinem Darm keinen Gefallen: Er wird abgeknickt und entsprechend stockt die Verdauung.

Außerdem seh ich immer häufiger, dass den Kleinen verboten wird, im Park auf der Wiese rumzukrabbeln. Die könnten sich ja dreckig machen! Wie sollen sich bei dieser Überhygiene die Abwehrkräfte entwickeln? Wie soll der Körper ohne Bakterien lernen, sich zu wehren? Wir sind doch dafür gemacht, in der freien Natur zu leben. Warum tun wir dann alles, um uns zu isolieren?

DRAUßEN. DA IST'S SCHÖN!

Denk am besten gar nicht lang nach, sondern schnür deine Schuhe und geh aus der Tür! Du musst nicht schnell gehen. Beweg dich einfach. Reck dich, streck dich! Such dir ein schönes Platzerl, wo du Energie findest! Atme tief ein und aus. Spür die Luft, spür das Leben!

Ich geb dir auch einen Richtwert: 10.000 Schritte. Täglich. Wenn du dieses Pensum schaffst, trägt das schon ordentlich zu deiner Gesundheit bei! Und das ist gar nicht so schwer, wie du denkst. Auch im Alltag kannst du viel tun: Nimm die Treppen, nicht den Aufzug, stell dein Auto nicht direkt vor der Haustür ab, geh zu Fuß einkaufen, schnapp dir in der Mittagspause eine Jause und flanier eine Runde um den Block!

Und für die richtigen Spaziergänge, da machst dir anfangs am besten zwei Termine pro Woche in deinem Kalender. Nur dann ziehst du das auch wirklich durch! Lass dich nicht vom Wetter beeinflussen! Durch den Nieselregen zu laufen kann supercool sein. Lass die Natur oder den Ort, wo du gerade bist, bewusst auf dich wirken! Im Wald kannst du sogar deine Schuh ausziehen und barfuß über die Wiese gehen. Hast du das mal ausprobiert? Das ist ein hammermäßiges Ge-

fühl. Auch durch die Stadt zu schlendern hat Charme – und es gibt immer was zu sehen! Geh einfach, wo immer es dir gefällt! Ein schönes Fleckerl gibt's überall! Hauptsache, du gehst raus und bewegst dich! Und ganz wichtig dabei: Genieß es. Wenn du diese Frischluftzeiten für drei Wochen planst, hast dich dran gewöhnt. Nicht nur dein Körper schreit dann automatisch nach Auslauf, sondern auch du selber. So schön ist's da draußen!

Geh mal um zehn Uhr ins Bett. Und dann stellst du dir den Wecker auf sechs Uhr in der Früh. Klingt hart? Glaub mir: Die Müdigkeit steckt dir nicht lang in den Knochen! Dass deine Beine in der Früh keinen Bock auf Anstrengung haben, das ist Schmarrn! Schwimm gegen den Mainstream: Es ist supercool, früher aktiv zu sein als alle anderen!

Wirst schon sehen: Sobald du rausgehst, aktiviert dich die frische Luft! Für mich ist der Morgen die schönste Zeit! Wach zu sein, bevor die Telefone anfangen zu klingeln und die erste E-Mail eintrudelt. Diese Ruhe ist super! Besonders in der Stadt, wenn alles noch schläft. Da bist live dabei, wenn der Tag beginnt.

Wenn du ein Stückerl Natur vor der Tür hast, nutz das aus! Wie sich die Landschaft in den vier Jahreszeiten verändert, das zu erleben ist spitzenmäßig!

Geh gleich morgen in der Früh aus der Haustür! Und wenn's dir taugt, dann gehst öfter!

Und he, keine Ausreden mehr! Du hast immer Zeit, dich ein bisserl zu bewegen. Und wenn's nur 20 Minuten sind. Egal ob im Alltag, im

Urlaub, oder auf der Dienstreise. Du musst dir diese Qualitätszeit nur nehmen. Du wirst sehen, du fühlst dich schnell besser und aktiver! Deine Glückshormone werden hupfen vor Freude!
Und weißt was? Samstagmorgen machst einen Ausflug zum Bäcker und holst die Semmeln! Und wenn du das eh schon machst, dann geh zu einem, der nicht direkt ums Eck ist! Ich wette, dass du danach mit einer Spitzenlaune den Frühstückstisch deckst und superfit in den Tag startest! Vergeude keinen Tag, beweg dich. Denk mal an dich!

Merkzettel

- ☐ *Denk nicht lange nach – geh raus.*
- ☐ *Plane zweimal die Woche einen Spaziergang.*
- ☐ *Geh mindestens einmal die Woche zu Fuß zum Bäcker.*
- ☐ *Steh früher auf und genieß die Ruhe.*
- ☐ *Such dir ein Platzerl, wo du Energie findest.*
- ☐ *Geh 10.000 Schritte pro Tag.*
- ☐ *Lauf barfuß über eine Wiese.*
- ☐ *Setz dich auch mal auf die Wiese und meditier ein bisserl.*
- ☐ *Geh beim nächsten Nieselregen spazieren.*
- ☐ *Vergiss den Aufzug und nimm die Treppen.*

2 WENN DU GUT DRAUF BIST, GEHST DU NICHT ALLEIN INS BETT

Immer mehr Leut erzählen mir, wie schwierig das heutzutag ist, jemanden kennenzulernen und ins Bett zu bekommen. Ich sag dir, die machen da wirklich einen Riesenkrampf und ein Riesenthema draus. Ich staun immer, was die sich alles fragen: Kann ich die Frau einfach so anquatschen – ist das nicht schon sexuelle Belästigung? Ist der wirklich an mir interessiert oder sucht der nur eine neue Trophäe? Wie weiß ich denn, ob wir wirklich zusammenpassen? Bin ich attraktiv genug für ihn? Und so geht das Grübeln endlos weiter und vor lauter Herz in der Hose wird das nix mit der Lovestory.
Ich verrat dir was: So kann das auch nix werden. Nie und nimmer. Wer so verkrampft wie ein Teenager und so stumm wie ein Fisch an die Sache rangeht, der wird auch in fünf Jahren noch allein im Bett liegen. Dabei ist es ganz einfach, in Kontakt zu kommen.

KOMMUNIKATION GEWINNT

Schau dich am Samstagabend in der Disco mal um. Die Leut tanzen und trinken und – starren auf ihr Handy. Die basteln Storys und versuchen, darin möglichst gut auszusehen, statt die Story selbst zu erleben. Aber meinst du, die reden und lachen noch miteinander? Ich seh das nicht! Die sind so mit ihrer Wirkung und dem Posten beschäftigt, dass sie keinen Zugang zu den anderen um sie herum finden. Und weißt du, warum das so ist? Weil die meisten heut die überwiegende Zeit nur im Internet unterwegs sind und gar nicht mehr wissen, wie direkte Kommunikation von Mensch zu Mensch funktioniert.
Dabei ist die Kommunikation das Wichtigste. Das ist das Erfolgsrezept, um andere zu knacken. Heutzutage ist entscheidend, dass du

mit möglichst vielen Leuten in Redezeit kommst. Fang an zu flirten! Das ist wichtiger, als an der Bar wie der Superchecker zu stehen und einen Bauchmuskel nach dem anderen brav trainiert zu haben. Oder die 90-60-90 vorzuführen, als wäre gerade Miss-Wahl. Ich glaub, die Zeit ist vorbei, wo das ausgereicht hat.
Aber ich sag dir was: Es ist heute viel einfacher, so eine Kommunikation aufzuziehen. Und weißt du warum? Weil es die meisten anderen nicht mehr können. Das ist deine Chance: Unter den Blinden ist der Einäugige König, sagt man doch, oder? Also los, ran an den Speck und du wirst die Ansprech-Queen oder der Anmach-King.

DEINE AUSSTRAHLUNG IST DAS A UND O

Eins ist aber ganz wichtig für den Flirt: Geh locker an die Sache ran. Setz dich nicht zu sehr unter Druck. Weißt du, wer begehrt ist? Ich sag's dir: Wer gut drauf ist und das auch ausstrahlt. Der zieht andere an. Und nicht der, der stocksteif und unter Druck nur Unsicherheit und Angst ausstrahlt. Dabei bringt Spaß Erfolg im Leben. Mit Jammern bekommst du vielleicht auch mal jemanden ab, aber vermutlich nicht den, den du haben willst.
Du brauchst eine gute Ausstrahlung, dann läuft's mit der Kommunikation wie von selber. Das Problem ist aber, dass dir die Übung fehlt. Und die brauchst du schon. Einmal im Monat weggehen und dann auf das Glück hoffen, das ist wie Lottospielen.
Üben musst du schon selber, dafür gibt's kein Angebot. Heute findest du Trainingsprogramme für alles. Du willst in drei Wochen Spanisch lernen? Dann hol dir eine App dafür, klemm dich hinter den Rechner und lern Spanisch. Du willst wissen, wie ein Aktienhandel funktioniert? Buch' einen VHS-Kurs. Aber wie du eine super Ausstrahlung bekommst, das kann dir keiner zeigen! Für guten Sex gibts schließlich auch keinen Regieplan …

Das ist auch das Problem der Internet-Singlebörse; da zählt Ausstrahlung nämlich gar nix. Da kannst du mit Smileys noch so um dich werfen, aber echte Empathie kommt so nicht zustande. Die gibt's nur im direkten Kontakt.
Und wenn dir die Übung im direkten Kontakt fehlt, verkrampfst du innerlich und es fällt dir dann verständlicherweise schwer, einen Treffer zu landen. Wenn du zum ersten Mal Fallschirmspringen gehst, dann bist du auch verkrampft, das ist ganz normal. Aber wenn du zum x-ten Mal springst, dann bist du locker und kannst den freien Fall genießen. Denn wenn sich innerlich alles zusammenzieht, verkrampfst du auch äußerlich und dein Traumpartner geht dir durch die Lappen. Viel besser ist es, die richtige innere Einstellung und eine positive Ausstrahlung zu entwickeln. Mit ein bisschen Übung ist auch das ganz einfach. Also: Fang an zu üben.

IMMER NUR LÄCHELN ...

Glaubst du, dass du lächeln üben kannst? Natürlich! Strahle, so oft du kannst! Konzentrier dich in der Disco nicht nur auf die, die du haben willst, sondern sei nett zu allen. Schau, dass die Leute dich sehen. Und wenn du sie anstrahlst, wirst du automatisch ihre Aufmerksamkeit bekommen. Denk dran, deine positive Laune steckt an.
Lächeln und anstrahlen kannst du immer und überall üben. Wenn du in der S-Bahn nach Hause fährst, sei mal nett zu deinem Sitznachbarn und lächle ihn an. Und gib der Kassiererin im Supermarkt das Geld mit einem Strahlen in den Augen. Du wirst staunen, wie ansteckend das ist!
Ein anziehendes Lächeln funktioniert nur, wenn du dabei Augenkontakt hast. Daran erkennst du auch ganz sicher, ob der Mensch gegenüber Interesse an dir zeigt. Wenn er deinem Blick ausweicht, wünsch ihm einen schönen Tag und geh. Aber wenn er deinen Blick erwidert, mach weiter, dann seid ihr auf dem richtigen Weg. Für den Augen-

kontakt gibt es beim Flirt zwei Grundregeln. Erstens: Je länger der Blick gehalten wird, desto besser. Und zweitens: Strahl mit deinem Blick aus, was du sagen möchtest. Für das, was du dann mit Worten sagst, gilt die Eisbergregel: Es kommt nur zu einem ganz geringen Teil darauf an, was du sagst – aber zu einem riesigen Teil, wie du es sagst. Es heißt: Sieben Prozent Inhalt, 93 Prozent Ausstrahlung! Hättest du das gedacht?

SO KOMMST DU INS GESPRÄCH

Die Eisbergregel bedeutet nicht, dass du einfach einen Schmarrn erzählen kannst. Du willst schließlich nicht nur ins Gespräch kommen, sondern auch drin bleiben. Wenn du Probleme hast einzusteigen, kannst du auch das jederzeit üben. Unterhalt dich mit dem Taxifahrer oder halt beim Einkauf einen Small Talk mit der Kassiererin oder den anderen Kunden in der Schlange.

Die eine Formel für den Einstieg, den Übermackerspruch gibt's nicht mehr, die Zeit ist vorbei. Es sei denn, ihr seid gerade in einer superfetzigen Partylaune und wisst, dass es nur eine Gaudi ist – dann kannst du auch mit einem Spruch loslegen, der so schlecht ist, dass er den anderen schon wieder zum Lachen bringt: „Hey, ich bin ein Mathe-Genie. Wollen wir uns gegenseitig die Klamotten subtrahieren und uns malnehmen?" Wenn du jemanden in der Stadt so ansprichst, erntest du entweder einen Blick, der dich zum Deppen stempelt, oder der andere hat Spaß. Plumpe Komplimente à la „Deine Augen sind so tief wie das Meer" kannst du dir jedenfalls sparen, dadurch wirkst du nur oberflächlich.

Wichtig ist: Sei interessiert an deinem Gegenüber! Wenn der merkt, dass du offen und interessiert bist, wird er auf die gleiche Art reagieren.

Wenn ich mit jemandem ins Gespräch kommen will, achte ich auf die Kleinigkeiten. Welche Accessoires trägt sie? Eine Tasche von

Gucci aus Paris, eine hippe Swatch im Olympiadesign, coole Ugg-Boots aus Amerika? Schon hab ich ein super Gesprächsthema. Wichtig ist, dass ich gut zuhör. Sie war noch nie in Paris? Ja super, dann fantasiert ihr eben zusammen darüber, die Stadt der Liebe gemeinsam zu besuchen! Welchen Sport treibt sie? Red über die ultimative Sporteinheit! Sie steht auf die USA? Unterhaltet euch über einen speziellen Amerika-Trip. Siehst du, wie es funktioniert?

In der Disco kannst du vielleicht besser über die Musik, den DJ oder die anderen Gäste einsteigen. Nimm einfach, was dich gerade beschäftigt, und was einen Unterhaltungswert verspricht. Besonders für die Gespräche gilt: Übung macht den Meister! Je mehr du übst, desto lockerer wirst du, je lockerer du wirst, desto mehr Erfolg hast du, und je mehr Erfolg du hast, desto besser bist du drauf. Dann läuft es wie am Schnürchen mit dem erfolgreichen Anbandeln.

Das gilt übrigens im Business ganz genauso. Wenn du da verkrampft bist, kommst du nicht weiter.

Übrigens: Ob du ein oder zwei Kilo zu viel Körperfett mit dir rumträgst, ist völlig egal, du wirst dadurch nicht unattraktiv. Attraktiv ist, dass du den anderen ansprichst, denn damit beweist du Mut und Interesse. Und wenn du den Einstieg geschafft hast, kannst du auch einfach mal die Klappe halten.

Es ist überhaupt nicht schlimm, wenn dich mal jemand abweist. Vielleicht hatte er oder sie einfach nur einen schlechten Tag oder den Kopf mit anderen Sachen voll. Das muss gar nicht an dir liegen. Red dann bitte niemanden nieder. Du kannst vollkommen locker an die Sache rangehen. Was hast du zu verlieren? Nicht jeder Topf passt zu jedem Deckel ...

MERKZETTEL

- Sei gut drauf, dann ziehst du andere an.
- Übe deine Ausstrahlung im Alltag, dann hast du sie beim Flirt drauf.
- Lächle, so oft du kannst, strahle, auch bei denen, die dir nicht gefallen.
- Strahl aus, was du sagen willst.
- Sei öfter nett, egal zu wem.
- Sieh den Flirt als Spiel.

3 HAST DU VIELE ODER DIE RICHTIGEN FREUNDE?

Neulich treff ich einen Bekannten, den ich lange nicht gesehen hab. Der ist einer dieser Mega-Businesstypen. Immer voll in Action. Auch diesmal hat er es total eilig und erzählt mir, dass er auf dem Sprung ist zu einem dreitägigen Geschäftstrip nach Kroatien. „Ich flieg mit drei guten Freunden hin, da werden wir neben der Arbeit auch ordentlich Spaß haben!" Als wir uns ein bisserl unterhalten, stellt sich heraus, dass er einen von den dreien erst seit Kurzem kennt. Den anderen hat er noch nie so richtig gemocht. Der dritte ist einfach ein guter Geschäftsfreund.

Schon lustig, oder? Ich denk oft, der Begriff „Freund" ist heut so in die Inflation gekommen. Sportfreunde, Geschäftsfreunde, Facebook-Freunde, Arbeitskollegen, Disco- und Urlaubsbekanntschaften – bei der Hundertschaft verlierst schon mal den Überblick. Die echten Spezl aber sind die Menschen, die auch in schlechten Zeiten zu dir halten und mit denen du gern zusammen bist. Weißt was? Von diesen Freunden brauchst gar nicht mehr als eine Handvoll. Jetzt frag ich dich: Weißt du denn, wer für dich zu diesen Freunden zählt?

HAST DU DIE RICHTIGEN FREUNDE UM DICH HERUM?

Ich hab vor ein paar Tagen eine Einladung zu einer Hochzeit bekommen. Von einer Frau, die ich eher oberflächlich kenn. Vor zwei Jahren haben wir mal gemeinsam ein Projekt durchgezogen. Gut verstanden haben wir uns dabei schon, aber seitdem aus den Augen verloren. Ich hab sie auch gar nicht vermisst. Aber für sie gehör ich scheinbar zu den Leuten, die sie bei ihrer Hochzeit um sich haben will. Das hat mich echt umgehauen. Ich hab dann überlegt, ob ich sie denn zu meiner Hochzeit einladen würde. Und, ganz ehrlich: Ich wär nie auf die Idee gekommen!

Auch wenn du grad keine Hochzeit geplant hast, gönn dir so ein Gedankenspiel: Ich nenn das Freundschafts-Feng-Shui. Schräg, oder? Weißt, was Feng-Shui ist? Da geht's eigentlich darum, wie gut deine Umgebung daheim mit dir harmoniert: Bist du von den richtigen Farben umgeben, steht dein Bett an der richtigen Stelle, hast du die richtigen Materialien verbaut ... Und ich übertrag dieses Konzept auf meine Freunde. Da geht's dann nicht um Farben oder Möbel, sondern um die Frage: Hab ich die richtigen Freunde um mich herum? Und dann stell ich mir immer vor, wen ich zu meiner Hochzeit einladen würde. Das ist eine absolute Superfrage! Denn wenn ich dich so theoretisch frag, wer deine richtigen Freunde sind, da kommst ganz schön ins Grübeln, oder? Wenn ich dir aber die Frage nach der Hochzeitseinladung stelle, dann ist die Antwort auf einmal ganz einfach. Klar, es macht keinen Sinn, in Gedanken eine Riesenfeier mit Hunderten von Gästen zu planen. Das gilt nicht. Think small! Plan mal eine kleine Hochzeit, nur mit zehn Spezln. Wer dir da einfällt – ich sag dir, genau die sind deine richtigen Freunde. Die sind dir wichtig!

Wenn Hochzeit nicht so dein Thema ist, kannst auch deinen nächsten runden Geburtstag nehmen. Horch einfach mal in dich hinein. Was du so fühlst, wenn du an deine Freunde denkst. Es gibt nämlich keine knallharten Kriterien, die du wie eine Checkliste durchgehen kannst und am Ende hast du eine ultimative Freundesliste. Wenn es die gäbe, glaub mir, ich würd sie sofort in dieses Buch packen.

Also musst du in dich hineinhorchen, wenn du an deine Freunde denkst: Fühlst dich wohl, vergeht die Zeit im Nu, habt ihr Spaß, wirst du inspiriert? Da sind sicher so ein paar Heppy-Peppy-Leut dabei, die du triffst und nach kurzer Zeit wieder vergisst. Dann gibt's noch die Art von Freunden, die dich runterziehen, die dir Energie abziehen. Klar bist du zur Stelle, wenn es ihnen schlecht geht: Hörst dir alles an und tröstest und hilfst. Aber wenn die immer nur ihren Müll bei dir abladen – ich sag dir, dann stimmt was nicht. Von denen lass die Finger!

Umgekehrt kannst auch viel über deine Freunde lernen, wenn es dir mal nicht gut geht. Wirst sehen: Nicht jeder besteht den Test. Aber das passt schon: Jede Krise ist dazu da, um die Spreu vom Weizen zu trennen.

Sei also in Zukunft ruhig ehrlicher mit dir, was deine Freunde angeht. Nicht alle Freundschaften müssen ein Leben lang gepflegt werden. Manche Menschen haben einfach ihre Zeit. Die Erinnerungen nimmst mit, aber deine Freunde musst du nicht ewig mit dir rumschleppen.

Übrigens: Die Einladung zur Hochzeit werd ich nicht annehmen. Ich lade die zwei lieber mal zu einer schönen Radltour zu viert ein. Da stellt sich dann schon raus, ob da eine echte Freundschaft entsteht.

ANRUFEN KANNST MAL WIEDER

Wenn du mit der Hochzeitsfrage rausbekommst, wer deine richtigen Freunde sind, kann es sein, dass du einen Riesenschreck bekommst: Sapperlot, bei dem hab ich mich ja ewig nicht gemeldet!

Ich rat dir: Mach dich nicht verrückt. Für Freundschaften gibt es keine vorgeschriebenen Kontaktfrequenzen. Das ist ein Schmarrn! Es ist kein Problem, wenn ihr euch länger nicht seht. Und weißt du, was ich mach, um die ganz große Funkstille zu verhindern? Ich trag Aktivitäten für meine Freunde in meine To-do-Liste ein! Das ist so einen Art Freundschaftsmanagement. Funktioniert super!

Es muss ja nicht wie früher immer auf den gemeinsamen Urlaub hinauslaufen. Oft ist nicht mal ein Kaffee nötig. Aber anrufen kannst mal wieder oder eine Nachricht schreiben.
Aber, Achtung: Freunde fragen nie „Wie geht's?". Das ist eine Small-Talk-Frage, auf die weder du eine gescheite Antwort erwartest noch eine bekommst. Sparen kannst dir auch, Standardtexte zu verschicken, die du theoretisch auch an Hunderte andere schicken könntest. Ganz nach dem Copy-and-paste-Prinzip. Das hat ein echter Freund nicht verdient!
Knüpf lieber an eine Erinnerung an: „Du, ich bin grad am Wörthersee vorbeigefahren. Da musst ich an dich denken. Wie wir da vor 15 Jahren gemeinsam einen Megaspaß hatten. Hey, ich hoff, dir geht's gut ..." So eine Anekdote trifft den Kern und macht ein gutes Gefühl. Und allein darauf kommt es bei Freunden an. So bleibt ihr in Kontakt und wenn ihr euch dann mal wieder trefft, ist das eine Riesenfreude für beide.
Und wenn der andere sich länger nicht meldet, musst nicht nachtragend sein. Der hat vielleicht grad einfach keine Zeit, das ist völlig in Ordnung. Klar, wenn du dich fünfmal gemeldet hast und der andere nie, dann sprich das an. Und wenn der blöd reagiert, lass ihn einfach in Ruhe. Vielleicht nur für eine Zeit lang, vielleicht auch für immer. Und du kannst das ruhig akzeptieren.
Es werden auch wieder andere tolle Menschen in dein Leben treten, mit denen du so manchen Spaß haben wirst. Sei offen für Neues!

MERKZETTEL

- Überleg dir: Wen würdest du zu deiner Hochzeit einladen? Das sind deine echten Freunde.
- Trau dich, deine Freunde auszuwählen.
- Sei offen für neue Freundschaften.
- Sei nicht zu nachtragend mit guten Freunden.
- Meld dich ab und zu bei deinen Spezln (Tipp: Trag das in deine To-do-Liste ein).
- Frage deine Freunde nie: „Wie geht's dir?“
- Spar dir die Copy-and-paste-Nachrichten.
- Wenn du dich mehrmals meldest und nix zurückkommt, dann lass gut sein.

4 DU MUSST DIR KEINEN WOLF TRAINIEREN

Weißt noch, was ich dir über die Muskeln erzählt hab? Die kriegst du nicht in die Wiege gelegt und sie begleiten dich auch nicht automatisch bis zum Sterbebett. Okay, bis du 25 bist, ist alles easy. Bis dahin bauen sich deine Muskeln kontinuierlich auf. Alles super. Danach geht das allerdings nicht mehr so leicht. Deine Muskeln bauen ab – erst langsam, dann, ab etwa 50, ziemlich flott. Und jetzt hab ich eine gute Nachricht für dich: Du brauchst das nicht einfach hinzunehmen. Du kannst diesen Prozess nämlich extrem gut beeinflussen. Wenn du willst, dass sich deine Muskeln aufbauen, dann tun sie das auch!

Was dein Körper braucht, um fit und in Form zu bleiben, was deine Figur braucht, damit sie dir gefällt, was dein Rücken braucht, um happy zu sein – das ist alles gar nicht so viel. Es ist vor allem Abwechslung. So wie du nicht ständig dieselben Sachen zur Jause essen willst, will dein Körper auch nicht jeden Tag zwei Stunden Rad fahren. Im Training kommt es vor allem auf Vielseitigkeit an. Arbeite gezielt mit den verschiedenen Muskelpartien deines Körpers. Von allem ein bisschen ist viel besser als jeden Tag eine Riesenportion vom Gleichen.

DEINE MUSKELN LANGWEILEN SICH

Was meinst du, bekommt dein Körper diese Vielseitigkeit? Die meisten, die ich kenn, die machen fast nur Ausdauertraining. Sie sind stundenlang auf dem Laufband, strampeln ewig auf dem Rad oder joggen jeden Morgen. Die treiben richtig viel Sport! Aber sie geben ihrem Körper trotzdem nicht das Richtige. Denn fast alle Menschen, die ich kennenlerne, vernachlässigen etwas ganz Wichtiges: das Muskeltraining. Und wenn sie es doch machen, dann oft direkt nach einer langen Rad-

oder Laufeinheit und immer das Gleiche. Sie arbeiten das Krafttraining einfach nur ab. Eine Übungsreihe, 30 Wiederholungen. Haken dran.
Davon lassen sich deine Muskeln aber nicht lange beeindrucken. Das Training wird zur Routine. Auch die Muskeln arbeiten die Trainingseinheit dann einfach nur noch ab. Sie entwickeln sich nicht. In einer solchen Routine findet kein Muskelaufbau statt. Null. Davon kriegst weder ein Sixpack noch stramme Oberarme. Du kneifst zwar die Arschbacken zusammen, aber die werden davon leider nicht schöner. Und glaub mir, damit nimmt auch kein Mensch ab.

DEINE MUSKELN BRAUCHEN ARBEIT

Du musst gar nicht wahnsinnig viel Zeit für dein Training aufwenden. Du musst nur das Richtige tun! Damit du deinen Körper optimal bewegst, hilft es, wenn du deinem Training eine Struktur gibst. Zu allererst brauchst du mal ein gutes Fundament. Dafür musst du keine 1.000 Kilometer laufen. 150 Minuten Ausdauertraining pro Woche reichen, um fit und gesund zu werden. Damit sorgst du dafür, dass dein Motor des Lebens, Herz und Kreislauf, gut in Schwung sind. Wie du die 150 Minuten aufteilst, ist vollkommen egal. Du kannst auch mehr machen, aber damit hast du nicht automatisch mehr Erfolg.

Nutz die Zeit lieber, um deinen Muskeln was zu bieten. Damit bei denen keine Langeweile aufkommt, machst du am besten zweimal pro Woche ein kurzes, knackiges Krafttraining. Ich weiß, Krafttraining ist nicht lustig. Ich kenn auch nur wenige, denen das so richtig Freude macht. Das ging mir genauso. Nur inzwischen habe ich kurze knackige Möglichkeiten dafür – und merke: So finde ich Spaß daran.
Doch eines gilt immer: Krafttraining muss ans Limit gehen! Wenn du das Gefühl hast, du kriegst das grad eben noch hin, dann ist es gut.
EMS-Training, intelligente Kraftgeräte, die wissen, was ich brauche, und Methoden wie Tabata oder H.I.I.T (Hochintensives Intervalltraining) waren für mich die Rettung: kurz, knackig, effizient. Wenn du damit insgesamt auf drei bis vier Stunden Sport in der Woche kommst, ist das schon super!

SPAR DIR ZEIT BEIM AUSDAUERTRAINING FÜRS KRAFTTRAINING!

Bevor du jetzt die Laufschuhe schon wieder anziehst, überleg lieber noch mal. Vielleicht bist du ja diese Woche schon eine ganze Menge gejoggt? Dann lass die Schuhe stehen und schieb lieber eine knackige Einheit Muskeltraining ein oder tu mal wieder was für deine Faszien bzw. Beweglichkeit. Das ist viel effektiver, als noch die x-te Runde zu laufen. Das ist auch der Grund, warum manche Marathonläufer nicht genügend Kraft auf die Straße bringen. Sie vergessen, dass ein guter Läufer auch eine kräftige Rumpfmuskulatur braucht!
Letztes Wochenende hab ich mit dem Regionalleiter einer Pharmafirma zusammengesessen. Ich sag dir, der ist echt sportsüchtig, macht konsequent zwei Trainingseinheiten. Und zwar nicht in der Woche, sondern am Tag! Der wollte mir gar nicht glauben, dass ich nur zwei bis drei Einheiten in der Woche mache.
Und weißt was? Trotzdem hat er ein kleines Wamperl. So richtig nach vorn bringt ihn das Mammutprogramm nicht. Ich hab ihn gefragt, was

er denn so für Sport macht. Seine Antwort: Rad fahren, schwimmen, laufen. Das, was er halt gern macht. Merkst was? Alles nur Ausdauertraining. Krafttraining macht er überhaupt nicht. Und nach dem Training gibt's ein Bierchen. „Des muss scho sein", meint er.
Hey, das kann ja nicht funktionieren. Wenn du eine Stunde gemütlich Rad fährst, verbrauchst vielleicht 200 bis 400 Kalorien. Die hast du doch mit einer Halben danach locker wieder drin! Beim Kalorienzählen kannst du eigentlich nur verlieren. Besser, du setzt bei deinen Muskeln an. Damit kurbelst du automatisch den Stoffwechsel sowie deine Fettverbrennungsmotoren an und erhöhst den Grundumsatz. Dann kommt dein Körper super ins Arbeiten. Muskeln formen sich nur, wenn du sie beanspruchst. Regelmäßig. Das ist so wichtig wie das tägliche Zähneputzen. Ich rat dir: Betreibe Muskelhygiene!

SCHAFF DIR REGELMÄẞIG NEUE REIZE!

25-mal für die Arme, 25-mal für die Beine und dann noch die obligatorischen Sit-ups. Kommt dir das bekannt vor? Na, da stehst du nicht allein. Ich erlebe das immer wieder.
Vor Kurzem war ich während einer Geschäftsreise mal in einem Fitnessstudio in Wien. Und da spricht mich eine Dame an. Sie würde mich vom Fernsehen her kennen und ob ich nicht einen Tipp hätte, wie sie abnehmen könnt. Während wir beide plaudern, sitzt sie auf der Bauchpresse. Wie es denn so mit dem Training vorangeht, frag ich sie. Weißt was? Die Dame trainiert seit zehn Jahren. Und das bisher ohne nennenswerte Ergebnisse! Brutal, oder?
Am Ende stellt sich heraus, dass sie seit zehn Jahren immer das Gleiche macht! Die gleichen Übungen, die gleichen Gewichte. Logisch, dass dabei nix passiert. Die Muskeln arbeiten einfach nur die Routine ab. Aufbauen und Formen tut sich dabei rein gar nichts. Die Muskeln müssen arbeiten, damit sie sich aufbauen. Sonst gibt's nur Muskeln im Speckmantel. Also häng die Latte immer höher. Die Übung wird

leichter? Dann erhöhe das Gewicht. Du hast eine ganze Zeit lang dieselbe Bauchmuskelübung trainiert? Dann nimm dir jetzt mal eine andere vor. Bevor sich irgendein Muskel von dir langweilt, zeig ihm lieber, was Sache ist. Wirst sehen, dann wird sich dein Körper super formen.

SETZ DIR TRAININGSSCHWERPUNKTE!

Ich hab mal einen prominenten Gärtner begleitet. 53 Jahre alt. Er kam mit Rückenschmerzen zu mir. Sein Credo: „Sport ist Mord." Mein Ehrgeiz war geweckt! Der Mann war total unfit. Körperform wie ein Christbaum: Bauchumfang größer als Schulterumfang. Wenn ich jetzt mit Ausdauertraining angefangen hätte, wär das überhaupt nicht gegangen! Er hätte keinen Erfolg gehabt und sicher aufgegeben. Wir haben zuerst mal bei seiner Ernährung angesetzt. Parallel dazu hab ich mit ihm ausschließlich Muskeltraining gemacht. Und dann, später, da hatte er sogar Lust zu laufen! So haben wir den Schwerpunkt langsam verschoben. Und wenn ich mir den heut so anschau, könnt ich direkt neidisch werden.

Schau, was grad gut für dich ist. Was passt in dein Leben? Wenn du grad superviel um die Ohren und wenig Zeit hast, ist langes Ausdauertraining nicht so das Wahre. Denn das kostet dich richtig Zeit. Besser, du nutzt die wenige Zeit, die du hast, für ein gutes Muskeltraining. Und wenn sich die Wogen geglättet haben und die Zeiten wieder ruhiger sind, dann kannst du ausführlichen Ausdauersport machen.

Wichtig ist, dass du dein Ziel definierst. Wenn du einen Marathon gewinnen willst, musst mehr laufen als ein anderer. Logisch. Doch wenn du abnehmen willst, dann nützt es wenig, wenn du Kilometer ohne Ende runterziehst, davon kriegst du dein Bauchfett nicht weg. Bring besser mit Muskeltraining deinen Stoffwechsel ins Laufen und gib auf deine Ernährung acht. Denn dauerhaft Abnehmen kannst du nur mit guten Muskeln.

Wichtig ist, dass du das, was du brauchst, mit Spaß machst! Und wenn ein Bekannter dich fragt, was du denn grad machst – weil du so super aussiehst –, dann ist das ein geiles Gefühl, oder?

MERKZETTEL

- Mach deinen Körper sportbereit. Ohne Eiweiß und Vitamine geht nix.
- Abwechslung macht mehr Spaß. Und einen super Körper.
- Wechsle immer wieder zwischen Ausdauer-, Kraft-, Faszien- und Beweglichkeitstraining.
- 150 Minuten Ausdauertraining in der Woche reichen.
- Betreibe Muskelhygiene! Zweimal 20 Minuten Krafttraining pro Woche.
- Krafttraining ist niemals gemütlich. Geh immer bis ans Limit. Und noch ein bisserl darüber hinaus.
- Wenn du keine Zeit hast, lass die Laufschuh stehen. Mach lieber ein kurzes Muskeltraining.
- Die Übung fällt dir leicht? Dann erhöhe die Gewichte!
- Sprich gezielt immer wieder andere Muskeln an.
- Setz alle sechs bis acht Wochen einen anderen Schwerpunkt.
- Vier bis fünf Stunden Sport in der Woche sind super!
- Fomulier ein Ziel für deinen Sport!
- Verschaff dir Erfolgserlebnisse!
- Wenn du dauerhaft abnehmen willst: Trainiere deine Muskeln mit Krafttraining.

5 MACH DIR DIE RICHTIGEN GEDANKEN

Ich bin ein Frühstücksfreak. Ich genieße das total, so am Sonntagmorgen. Ich sitz gemütlich da, während die Sonne zum Fenster hereinscheint. Vor mir steht ein schöner Espresso, eine Schale mit leckerem Obst lacht mich an. Und früher, da gehörte noch etwas dazu. Da hab ich meine Zeitung genommen und aufgeschlagen. Und weißt, mit was ich dann am frühen Morgen konfrontiert wurde? Fast nur mit Mord und Totschlag!

Gleich vorn auf dem Titelblatt der neueste Aufreger-Tweet aus dem Weißen Haus und der Wahnsinn des Syrienkriegs, im Wirtschaftsteil die drohende Bitcoin-Blase und der Brexit, weiter hinten die Berichte über gestorbene Promis und die Familientragödie in der Nachbarstadt. Und dann auch noch das Drama der österreichischen Nationalmannschaft. Wenn ich dann die Zeitung aus der Hand legte, war die Sonne schon längst vergessen, der Kaffee war so kalt wie meine Laune und ich wollt mich am liebsten wieder hinlegen.

Du kennst das auch, oder? Und mit dem Frühstück ist es ja noch nicht vorbei. Nein, so leicht kommst du nicht davon. Die schlechten Nachrichten werden ja andauernd auf allen Kanälen wiederholt. Du hörst sie gleich auf dem Weg zur Arbeit im Auto noch einmal und im Büro kommt auch gleich der Kollege damit um die Ecke: „Sag mal, hast du das auch gelesen? Mei, in was für einer Zeit leben wir eigentlich?" Und am Ende des Tages bekommst du die gleichen Nachrichten und all das, was in der Zwischenzeit alles passiert ist auf der Welt, noch einmal im Fernsehen serviert. Brutal, oder! Da fragst du dich doch, wie du in so einer extrem schlechten Welt deine gute Laune behalten sollst? Und ich sag dir was: Ich mach da einfach nicht mehr mit!

WAS DU IM KOPF HAST, BESTIMMST DU SELBER

Weißt du, warum es so wichtig ist, sich nicht superintensiv mit negativen Nachrichten zu bombardieren? Weil deine Gedanken deine Emotionen steuern. Du kannst das ganz einfach ausprobieren. Lächle mal. Einfach so. Und, merkst was? Du fühlst dich gleich ein bisschen besser. Ein bisschen glücklicher, ein bisschen leichter, ein bisschen froher – und das allein dadurch, dass du deine Mundwinkel nach oben bewegt hast. Und zwar, weil sich der Körper erinnert, wie du dich fühlst, wenn du lächelst. Und genauso wirken auch positive Gedanken. Die sind wie ein inneres Lächeln, das du immer anwerfen kannst, wenn du es brauchst. Und zu lächeln ist doch viel besser, als immer dreinzuschauen wie drei Tage Regenwetter, oder? Nutz das einfach in Zukunft häufiger und mach dir mehr positive Gedanken.

Damit meine ich jetzt nicht, dass du dich in Träume flüchten sollst. Wenn du in einer schlimmen Situation bist, lern damit umzugehen. Akzeptier es und such nach Lösungen, um wieder in sicheres Fahrwasser zu kommen. Wenn du dir mit dem Hammer volle Granate auf den Daumen schlägst, nützt es auch nix, wenn du dir zigmal am Stück als Mantra einflüsterst: „Super, super, super." Einen Freudentanz führst du dann sicher auch nicht auf. Was Tatsache ist, kannst du auch nicht durch die positivsten Gedanken ändern – das ist halt so. Lern außerdem aus deinen Misserfolgen. Du hast das Beste aus einem Fehler gemacht, wenn du ihn in Zukunft verhindern kannst.

Was ich meine, hat gar nix mit Schönfärberei zu tun, sondern bedeutet nichts anderes, als dass du deine Gedankenwelt selber bestimmst. Und mit ein bisschen Übung kannst du dein Leben damit echt leichter machen!

ÜBERLEGE DIR GUT, WOMIT DU DEN TAG BEGINNST!

Das Gute an der Sache ist: Du kannst deinen Input ganz leicht selber steuern. Leg damit gleich morgens los. Mach es, wie ich es mir angewöhnt hab: Lass die Glotze aus und versau dir nicht den Tag, indem du die Zeitung aufschlägst. Mach stattdessen etwas, was dich nicht runterzieht, sondern dich supergut drauf bringt. Vielleicht nützt du die Zeit vor dem Frühstück, in der dein Schatz das Bad für sich alleine braucht. Ich schieb da gerne mal ein kleines Mini-Workout ein: 20 Bergsteiger, 20 Pushups, 20 Burpees und 20 Sit-ups. Oder ich geh eine kleine Runde spazieren oder locker joggen, egal wie das Wetter ist. Höhepunkt im Sommer ist es, so oft wie möglich in der Früh in den See zu springen.

Wenn dein Körper in Schwung ist, kommst du gleich viel wacher ins Büro. Ich hör auch fast nie Radio im Auto oder beim Frühstück. Wenn irgendwo irgendetwas Weltbewegendes passiert ist, bekommst du das auch so mit. Von Kollegen, von Freunden, im Internet. Da musst dir keine Sorgen machen, dass etwas Wichtiges an dir vorbeigeht, wenn du nicht jeden Nachrichtenkanal nutzt.

Ich versuch auch, mich von Downern fernzuhalten. Weißt du, was Downer sind? So nenn ich die Leute, die den ganzen Tag nix Besseres zu tun haben, als die Schlechtigkeit der Welt zu beklagen. Wo sie gehen und stehen, verbreiten sie schlechte Laune. Downer ziehen für gewöhnlich auch nur Leute an, die ähnlich ticken wie sie. Auf Dauer ziehen sie dich nur runter. Mach dir stattdessen gute Laune, indem du deinen guten Freunden einfach mal was Nettes auf Facebook schickst. Oder ruf sie gleich an. Da bekommst ganz sicher was Nettes zurück.

Du kannst auch anderen eine Freude machen, wenn du dein Handy oder die Medien meidest. Wenn du mit deinem Schatzerl gemütlich im Bett liegst, dann lass mal das Handy weg. Und kuschelt lieber noch ein bisschen miteinander.

FÜLLE DIE EIGENE VIDEOTHEK AUF!

Auch deine Musiksammlung ist eine sehr gute Möglichkeit, die Stimmung zu heben. Da hast du weder einen Kommentator noch Werbung oder Nachrichten, die dir deine gute Laune vertreiben könnten. Ich hör mir auch supergern Hörbücher von Autoren, die ich bewundere, im Auto an. Die hab ich meistens auf meinem Handy.

Dein Handy ist auch ein super Speicher, in dem du Sachen ablegen kannst, die dir gute Laune machen. Ich hab auf meinem immer ein paar Fotos von guten Freunden. Wie wir Gaudi miteinander hatten. Oder von lustigen kleinen Videos aus dem Internet, die mir ein Kollege geschickt hat und die auch beim x-ten Mal noch Spaß machen. Oder du schaust dir deine Bilder aus dem Urlaub, in dem du so viel Spaß hattest, noch mal an. Bestimmt hast du da auch supernette Leute getroffen, mit denen du eine Riesenfreud hattest. Fotos davon eignen sich auch super, um dich wieder gut drauf zu bringen.

Solche positiven Erinnerungen kannst du auch ohne Handy megagut nutzen. Ich hab in meiner Gedanken-Videothek immer ein paar solcher Movies parat, die mich sicher in gute Stimmung bringen. Erinner dich einfach mal an deinen letzten richtig guten Sex. Oder an das letzte Superdate. Vielleicht ist es auch eine geschaffte Prüfung, wo du dich riesig gefreut hast. Glaub mir, solche Erinnerungen bringen dich wieder genau in die Stimmung, die du damals gespürt hast. Dann bist du wieder ganz nah dran. Nimm dir einmal am Tag zwei Minuten Zeit und mach dir klar, auf was du alles stolz sein kannst und wie gut es dir geht.

Vielleicht kommt dir dann dein nächster Urlaub nach Spanien in den Sinn, wo du schon immer mal hinwolltest. Solche Ziele sind auch eine kraftvolle Ressource für deine gute Laune. Ich freu mich beispielsweise total auf meine Skitour an meinem Heimatberg. Das bringt mich immer wieder obenauf. Mein alljährlicher Urlaub auf Lanzarote und die jährliche Geschäftsreise nach Miami sind auch so ein Highlight, oder wenn ich zum ersten Mal im Jahr den Grill anwerfe. Es sind ganz häufig die Kleinigkeiten, auf die man sich freut. Wenn ich irgendwo ins Hotel geh, freu ich mich narrisch darauf, mal wieder in einem frisch bezogenen Bett zu schlafen. Oder mich nach dem Duschen in ein vorgewärmtes Handtuch zu wickeln. Vielleicht bringt dich auch die Vorstellung von einem heißen, guten Kaffee in deinem Lieblingscafé nach vorn. Lass deiner Fantasie freien Lauf, es gibt sicher genug, was du magst.

Merkzettel

- [ ] Setz dich nicht den ganzen Tag schlechten Nachrichten aus.
- [ ] Lies nicht jede Zeitung, schau nicht jede News-Sendung.
- [ ] Hör stattdessen lieber Musik oder Hörbücher.
- [ ] Geh Leuten mit schlechter Laune aus dem Weg.
- [ ] Treib Sport oder mach was Spaßiges.
- [ ] Leg dir einen Ordner mit positiven Inhalten auf deinem Handy an.
- [ ] Mach dir einmal am Tag klar, wie gut es dir geht und auf was du stolz sein kannst.
- [ ] Stell dir die Dinge bildlich vor, auf die du dich freust.
- [ ] Leg dir einen Fundus von positiven Erinnerungen zu, die dir gute Laune machen.

Wichtig ist, dass du das regelmäßig trainierst. Wenn du erst mal Übung darin hast, dir positive Gedanken zu machen, dann ist es auch ein Leichtes, mit Rückschlägen umzugehen. Wenn du dann mal einen Auftrag nicht bekommst, sagst halt, ja super, hab ich mehr Zeit für mich. Da kann ich mich noch besser um den nächsten Auftrag kümmern. Und wenn die nächste große Krise durch die Nachrichtenwelt zieht, zieht das vielleicht die anderen runter – aber du bleibst on top.

6 SETZ DIR KEINE ZIELE – ERREICHE LIEBER ERGEBNISSE

Stell dir vor, du läufst regelmäßig die Zehn-Kilometer-Distanz. Bisher bist du immer so um die 60 Minuten getrabt. Und dann erzählt dir ein Spezl, dass er die Strecke nach sechs Wochen Training in 45 Minuten schafft. Angefixt setzt du dir also diese Zeit als Ziel. Du schreibst die 45 mit dickem Filzstift auf Papier und pinnst das Blatt über deinem Schreibtisch fest. Sodass du es immer vor Augen hast.

Was glaubst – wirst du schneller laufen, weil da eine Zeit auf dem Papier steht? Wecken Zahlen Gefühle? Motivieren sie dich dazu, dich so richtig reinzuhängen? Also ich sag dir, mich packt so eine Zahl nicht. Klar, der Kopf nickt das ab. Er versteht, dass das schon irgendwie gut ist, wenn du schneller rennst, höher springst oder weiter Rad fährst. Aber, hey, der Bauch schiebt so ein Ziel doch locker vom Tisch. Zahlen sind nicht seine Baustelle. Gefühle werden da keine aufkommen.

Wenn du dich auf den Urlaub freust, dann freust dich nicht auf den 30 Kilometer weiten Sandstrand, nicht auf das 20 Grad warme Wasser. Auch wenn das super klingt. Es bleiben Zahlen. Ich wette, du freust dich vielmehr darauf, wie du barfuß durch den Sand gehst oder wie beim Schnorcheln im türkisblauen Wasser all die wunderbar bunten Fische an dir vorbeischwimmen. Das und nur das ist der Grund, warum du sechs Stunden Flug auf dich nimmst, oder?

Merkst was? Ein Ziel motiviert dich nicht – wohl aber ein Gefühl. Und zwar eins über das Ergebnis, das du schaffen willst.

Klar, du kannst mir jetzt erzählen, dass du es deinem Spezl zeigen willst und dich auf das Gefühl freust, wenn du ihm beiläufig erzählen wirst, wie du es gepackt hast mit den 45 Minuten. Wenn Menschen Ziele aufstellen, dann seh ich immer wieder, dass sie sich dabei mit anderen vergleichen. Sie setzen sich zum Ziel, schneller, weiter oder besser als der andere zu sein. Aber überleg mal. Bringt dich das wirklich weiter? Ändert das die Welt, wenn du die Nase vorn hast? Nein, das macht nur Druck. Und: Eigentlich weißt du gar nicht, wofür du das tust. Und wenn du es deinem Spezl endlich bewiesen hast, dann ist das Triumphgefühl noch schneller weg, als du gelaufen bist.

HOL DIR POSITIVE GEFÜHLE

Wenn ich sag, dass Zahlenziele für die Katz sind, dann heißt das nicht, dass du jetzt völlig planlos in der Gegend rumagieren sollst. Eine Richtschnur brauchst schon. Die Frage ist, woraus generierst du sie? Ich sag's dir: Der beste Weg, dein Ziel zu finden, ist, deiner Vision zu folgen. Frage dich: Wofür schlägt dein Herz? Was weckt deine Leidenschaft?

Vergleiche dich dabei nie mit anderen! Schon gar nicht, indem du Spitzenleistungen in nur einem Lebensbereich als Maßstab heranziehst. Wenn ein Profiläufer für die zehn Kilometer eine Hammerzeit unter 30 Minuten hinlegt, dann ist das super. Aber versuch bitte nicht, das zu deinem Ziel zu machen! Vergiss nicht, dass er sein Leben nahezu komplett auf den Sport ausrichtet. Bei dir sieht das aber anders aus. Bei dir ist der Sport nur ein Lebensbereich von vielen. Du hast einen zeitfüllenden Job. Der Garten braucht Pflege. Und du willst so viel Zeit wie möglich mit deiner Familie verbringen. Logisch, dass du da niemals so viel Energie ins Laufen stecken wirst, oder?

Ein Ziel ist nur gut, wenn es aus dir selber heraus entsteht. Was willst du ganz persönlich für dich erreichen? Um herauszufinden, ob das Ziel, das du aufschreibst, wirklich wichtig für dich ist, frag dich immer, warum du das schaffen willst. Welche Wünsche und Erwartungen stecken dahinter? Wenn dir dazu nix einfällt, wirf das Vorhaben in die Tonne. Denn dann taugt es nicht für dich!

Wenn du aber ins Schwärmen gerätst, dann bist du total auf dem richtigen Weg. Dann passiert nämlich etwas ganz Wichtiges: Du denkst nicht an das Ziel, schneller zu laufen, sondern du gehst schon einen Schritt weiter. Du denkst schon daran, wie es ist, wenn du das Ziel erreicht hast. Das ist ein Riesenunterschied! Wenn du ans Ziel denkst, denkst du an Arbeit. Noch mehr trainieren, was für ein Schmarrn! Noch mehr Stunden im Büro. Blöd. Ganz anders geht's dir, wenn du dir ein Bild davon malst, wie es sein wird, wenn du das Ziel erreicht hast. Wenn du nicht ans Ziel, sondern ans Ergebnis denkst, dann merkst du, wie es anfängt, im Bauch zu kribbeln. Dann kriegst auch Lust, was dafür zu tun!

Wenn du also vorhast abzunehmen, dann sag nicht: „Ich will fünf Kilo verlieren." Überleg dir lieber, warum du abnehmen willst. Was erhoffst du dir davon? Vielleicht willst du im Sommer eine gute Figur im Bikini abgeben. Dann stell dir vor, wie es ist, wenn alle Blicke im Schwimmbad auf dir ruhen. Stell dir vor, wie der Sommerwind deine Haut umschmeichelt, so ganz ohne das lästige T-Shirt. Was für ein geiles Gefühl! Da kannst doch vor lauter Vorfreude kaum abwarten loszulegen, oder?

Wenn du dich von positiven Gefühlen leiten lässt, steigt nicht nur deine Motivation. Du kannst außerdem sicher sein, dass dein Ziel auch morgen noch für dich passt. Ganz im Gegensatz zu den üblichen Ich-will-besser-sein-als-Zielen. Die können immer nur eine Momentaufnahme sein. In der Sekunde, in der du möglicherweise tatsächlich besser geworden bist, verschwindet das gute Gefühl. Danach ist dann erst mal nichts mehr.

Ich hab mir früher im Sport auch immer vorgenommen, besser zu sein als irgendwer anders. Im Zweifel auch besser zu sein als ich selber beim letzten Training. Auf jeden Fall besser als irgendwas. Heut will ich einfach nur Spaß haben und meine Fitness erhalten. Ich freu mich total über das gute Körpergefühl! Kannst dir schon denken, dass ich dabei deutlich mehr Freude hab, oder?

Wenn du dich auf den Weg machst, dein Ziel zu erreichen, dann gibt es noch eine Sache, die gut ist für dich: Schaff dir immer wieder Erfolgserlebnisse. Jeden Tag. Nichts ist motivierender als Erfolg!

Damit du möglichst viele solche Momente genießen kannst, mach dein Ziel groß. Und lass dich nicht von der Größe abschrecken: Teile dir den Weg dahin einfach in kleine Schritte auf und notiere sie dir. Mach das unbedingt auf Papier und nicht auf dem Handy. Auf dem Papier kannst du nämlich einen dicken Haken dransetzen, wenn du ein Ergebnis erzielt hast. Das tut supergut!

- In der Früh willst du dir diesen leckeren Smoothie machen? Fertig.
- Heute willst du zwei Liter Wasser trinken? Haken dran.
- Heute willst du 10 Minuten Bauchmuskeltraining machen? Erledigt.

Wenn du am Ende des Tages siehst, was du alles geschafft hast, dann gehst mit einem breiten Grinsen ins Bett, oder?

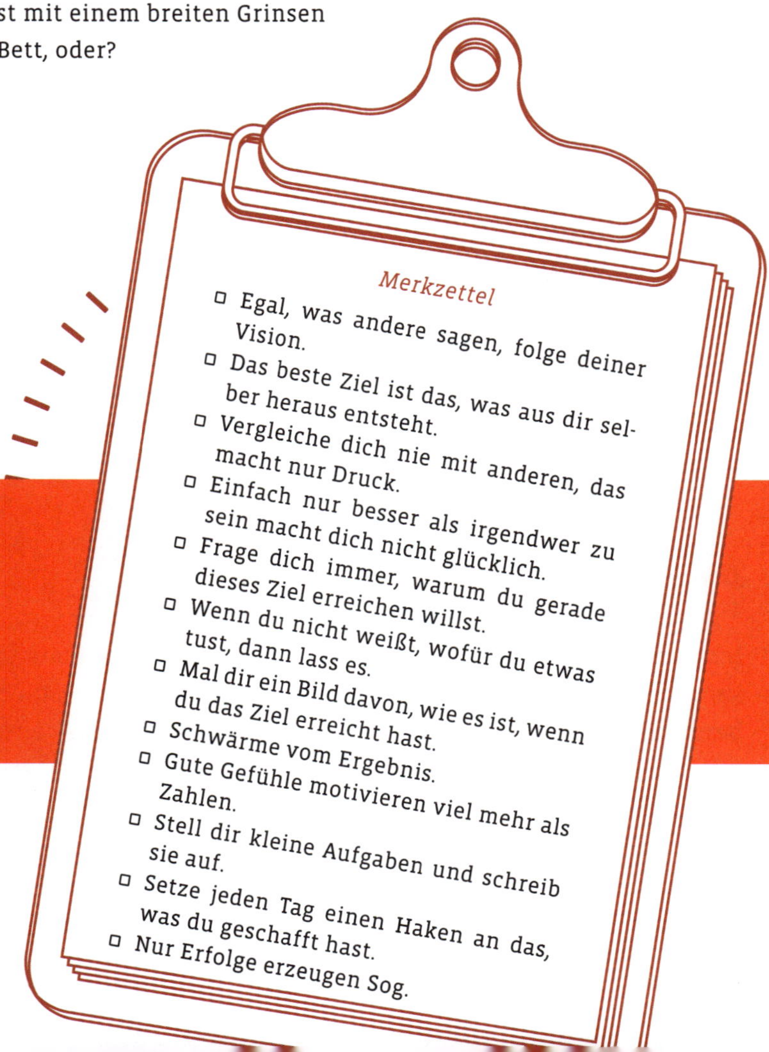

7 VERWECHSLE VIEL ARBEIT NICHT MIT SCHLECHTER STIMMUNG UND STRESS

Schau dich mal um in deinem Büro: Da siehst du ganz bestimmt Leute, die supergestresst ausschauen. Das sind die Kollegen, die immer, wenn sie an dir vorbeigehen oder an ihrem Schreibtisch über ihren Unterlagen brüten, unüberhörbar schwer schnaufen und ächzen. Die sich ständig bei anderen Jammerkollegen darüber beschweren, dass die Arbeit so schwer und zu viel ist und dass sie zu wenig Schmerzensgeld bekommen für ihren Job. Fragst dich auch manchmal, warum die so sind? Haben die mehr Arbeit als du? Wahrscheinlich nicht. Schaffen die mehr als du? Eher nicht, wenn die so viel Zeit mit schlechter Laune vergeuden. Kruzifix, woher kommt dann eigentlich der Stress, den die haben?

Ich sag's dir: Den machen die sich selber. Sie reden ständig darüber, dass die halbe Welt über ihnen zusammenbricht, und bringen sich damit selber ganz tief ins Jammertal. Weißt was? Die wollen genauso wenig schlecht drauf sein wie du und ich! Das will keiner. Denn eigentlich sind wir alle süchtig nach Freude. Aber irgendwas läuft bei denen so richtig schief.

DREH WAS AN DEINER EINSTELLUNG

Ich behaupte: Die meisten Menschen machen eine Arbeit, die ihnen keinen Spaß macht. Was meinst du? Wie viele von den 44 Millionen berufstätigen Deutschen und den über vier Millionen Österreichern, die in der Arbeitswelt stehen, haben so richtig Spaß bei dem, was sie tagtäglich tun? Die Hälfte? Ein Viertel oder ein Zehntel? Hör dich mal

bei dir auf der Arbeit um. Ich sag dir, das ist eine Monstergeschichte, eine richtige Tragödie!
Aber warum ist das so? Weißt du, was ich denke? Wenn dich acht Stunden auf der Arbeit stressen, dann liegt das nicht an zu viel Arbeit, sondern vor allem an der Art, wie du an deine Arbeit herangehst.
Glaubst du, ich jammer, wenn ich mich vor Vorträgen nicht retten kann? Nein, garantiert nicht! Ich hätt sie ja nicht annehmen müssen. Aber ich hab Bock drauf! Das ist positiver Stress für mich! Wenn ich unter der Woche einen ganzen Berg Arbeit schaffe, dann fühle ich mich am Wochenende nicht ausgelaugt, sondern saugut!
Wenn ich aber meinen Lohn nur als Schmerzensgeld für harte Zeiten betrachte, dann wird's auf Dauer richtig krass. Da kann ich mir eigentlich nur einen anderen Job suchen und den alten an den Nagel hängen.

LASS DIR GENUG ZEIT FÜR SPAß

Wenn du aber gar nicht kündigen kannst oder willst? Dann dreh was an deiner Einstellung. Da kannst super den Hebel ansetzen! Mit dem richtigen Selbstmanagement kannst du viel rausholen!
Das Erste, was du machen kannst, ist dir deine Woche so einzurichten, dass du genug Platz für Spaß lässt. Selbst wenn du 60 Stunden arbeitest, bleiben 108 Stunden für andere Sachen! Sei an stressigen Tagen noch selektiver, was du mit deiner restlichen Zeit machst. Wenn du in einer Woche viele Aufträge hast und weißt, dass es megastressig wird, dann pack dir nicht noch fünf Laufeinheiten, einen Kinoabend und Rasenmähen in deinen Terminplan. Gönn dir lieber an einem Abend einen kleinen Spaziergang, der Kinofilm läuft nächste Woche auch noch. Und ob der Rasen in den nächsten Tagen einen Zentimeter länger wird, ist doch nun wirklich gehupft wie gesprungen! Wichtiger als die Rasenlänge ist dein Energiehaushalt, auf den musst schon achtgeben. Schau, dass du dich mindestens eine Stunde am Tag erho-

len kannst. Dann hast du genug Energie, um die wichtigen Dinge auf der Arbeit fokussiert und entspannt anzupacken.

Es zwingt dich auch keiner, auf jeder Hochzeit mitzutanzen. Neulich hab ich eine Hochzeitseinladung nach Spanien von einem Pärchen erhalten, mit denen ich weitläufig bekannt bin. Die beiden sind mir schon sympathisch, aber zu den engsten Freunden zählen sie nicht. Die anderen 200 Hochzeitsgäste kenn ich gar nicht und mit An- und Abreise hätte mich das drei Tage gekostet. Also hab ich dafür gesorgt, dass die Einladung nicht in Stress ausartet: Selbst wenn ich hingeflogen wäre, hätte ich die Zeit dort nicht genießen können, weil mein Kopf in der Arbeit gewesen wäre. Wie hab ich das also gemacht? Ich hab den beiden einen Brief geschrieben: „Liebes Paar, ich würd supergern mit euch feiern, aber ich arbeite im Moment sehr viel und kriege deshalb eure Einladung nicht hin. Aber was haltet ihr davon, wenn wir euch stattdessen bald einmal zum Abendessen zu uns an den See einladen?“ Einige Wochen später saßen wir bei einer guten Flasche Rotwein zusammen. Das war ein richtig gemütlicher Abend! Wichtig ist, dass du immer ehrlich bleibst in solchen Situationen. Dann ist dir am Ende auch keiner bös.

Wirst sehen. Wenn du so mit deiner freien Zeit umgehst, bleibt dir genug Zeit zum Luftholen nach der Arbeit. Und wie sieht’s mit der Arbeit selber aus? Augen zu und durch? Schmarrn, auch da kannst du dir den Ärger locker ersparen.

DAS WIE ENTSCHEIDET

Weißt du, womit du den Stress erst richtig aufbaust? Dadurch, dass du innerlich nicht akzeptierst, was du machst! Und dich ständig rumärgerst. Ist doch ganz normal, geht doch allen so? Ich sag dir was: Es geht auch ganz anders! Ich mache viele Seminare für Pharmakonzerne. Da kommt immer ein Haufen Arztassistentinnen. Inzwischen habe ich sicher 5000 Assistentinnen als Teilnehmerinnen dabeigehabt. Die sind jetzt nicht die bestbezahlten. Und der Traumjob ist es auch nicht. Die sehen den ganzen Tag nur kranke Menschen. Aber weißt was? Die stressen sich nicht. Die arbeiten richtig cool im Team. Die haben richtig Spaß und sind super drauf. Das Entscheidende bei denen ist nicht der Job an sich, sondern das Drumherum! Die kommen mit den Patienten super aus. Obwohl da die wenigsten mit einer Megalaune reinkommen und sagen: „Hey, mir geht's super, danke! Alles cool!" Natürlich nicht, die sind krank und haben Schmerzen. Aber davon lassen sich die Assistentinnen gar nicht runterziehen. Diese tollen Damen finden selber beim Jammerkandidaten Nummer eins noch einen Ansatzpunkt, wie sie ihn knacken und zum Lachen bringen.

Ich glaub, das kriegst du auch hin. Davon kannst du dir locker eine Scheibe abschneiden. Wenn du einen Kunden hast, der dich total aus der Fassung bringt, bei dem du schon miese Laune bekommst, wenn du nur den Namen im Terminplan siehst. Dann suche genau bei diesem Kunden nach dem inneren Kern. Finde irgendeine Kleinigkeit heraus, die er gern macht – irgendeine Leidenschaft hat jeder! Und dann quatschst du beim nächsten Mal ein bisschen mit ihm. So wird aus deinem stressigsten Kunden dein liebster Kunde. Glaub mir, das funktioniert! Plötzlich bist du beliebt. Das ist superspannend und macht richtig Freude!

Wenn du versuchst, herauszufinden, was dein Kunde gern tut, kommst du automatisch aus dem Alltagstrott raus. Ein, zwei Gespräche über verschiedene Themen – wenn es gut läuft, hast du am Ende des Tages sogar noch was gelernt! Und ich sag dir, da geht noch mehr: Letztens habe ich einen Gartenliebhaber gefragt, wie es seinem Blumenbeet geht. Der hat sich so gefreut, dass er mir zum nächsten Treffen ein paar von seinen Erdbeeren mitgebracht hat. Die haben superlecker geschmeckt.

Solche kleinen, positiven Erlebnisse ersticken jeden Stress im Keim! Und verschaffen dir einfach gute Laune. Probier das mal. Dann freust du dich schon abends auf den nächsten Arbeitstag, denn du verwandelst Energieräuber in interessante Gesprächspartner.

MERKZETTEL

- Richte deinen Tag so ein, dass er Spaß macht!
- Erhol dich, anstatt deinen Terminplan mit unwichtigem Zeug zu überladen.
- Sei selektiv, was du mit der restlichen Zeit machst.
- Sag deinen Freunden ehrlich, wenn du keine Zeit hast.
- Finde den inneren Kern deiner Kunden.
- Mach aus einem stressigen Kunden deinen liebsten Kunden!

8 LEB NICHT IMMER GESUND – DAS IST ZU HART!

Na logisch, wenn du für einen Wettkampf trainierst, musst du vorher viele Gewichte stemmen, Kilometer laufen, Pässe radeln, Bahnen schwimmen ... was eben dein Sport verlangt. Da sind wir uns einig, oder net?
Und genauso ist es mit der Gesundheit: Wenn du in einem gesunden Körper wohnen willst und nicht in einem Schrotthaufen, dann musst du vorher schon viele gesunde Sachen essen – also die ungesunden nicht essen. Und noch wichtiger: Die gesunden Sachen trinken – also die ungesunden nicht trinken. Und die gesunden Sachen einatmen – also die ungesunden nicht einatmen.
Du weißt schon, was ich damit sagen will: Gesund sind gute, frische Lebensmittel wie hochwertiges Eiweiß, Kräuter, Obst und Gemüse – ungesund sind kohlenhydratlastige Lebensmittel, vor allem Zucker, und das ganze Industriefood. Gesund ist viel Wasser – ungesund sind Alkohol, Cola und das ganze Zuckerzeugs. Gesund ist frische Luft in der Natur – brutal ungesund sind Zigarettenrauch, Abgase, Stadtluft.
Da gibt mir jeder recht, auch die, die überhaupt keine Ahnung haben!
Dazu kommt noch, dass du unbedingt Bewegung brauchst, weil die meisten Strukturen in deinem Körper sich nur regenerieren und weiterentwickeln, wenn du sie benutzt. Und ich, der Toni, verspreche dir hier feierlich, dass das alles zusammen – also das gute Essen, das gute Wasser, die gute Luft und die gute Bewegung – also dass das alles zusammen dir noch so gut wie gar nichts hilft, wenn ein Mangel an Vitalstoffen wie Vitaminen, Mineralstoffen und Spurenelementen in deinem Körper herrscht. Weil dann nämlich dein Stoffwechsel nicht rundläuft.
Aber gesetzt den Fall, du hast all diese Mängel beseitigt und verfolgst jeden Tag eisern deinen Gesundheitsplan wie ein Marathonläufer vor dem Wettkampf seinen Trainingsplan. Ist dann alles gut?
Wenn du mich fragst: Na ja, net ois!

FIT OHNE GUT DRAUF IST WIE SOMMER OHNE SONNE!

Zu dem, was da fehlt, erzähl ich gern die Geschichte von der Skiweltmeisterschaft in Schladming. Du weißt ja, was für einen Stellenwert Skifahren in Österreich hat. Wenn wir schon im Fußball nicht so viel reißen wie die Deutschen, dann wollen wir wenigstens im Alpinski Weltspitze sein. Entsprechend hoch war der Druck auf die Sportler bei der Heim-WM und besonders auf die von der Königsdisziplin, der Abfahrt.

Im Hotel der österreichischen Mannschaft war extra eine hochmoderne Fitnesshalle eingerichtet worden, sodass sie wirklich jede Minute nutzen konnten. Und das haben die auch gemacht. Die hast du zwischen den Rennen draußen nicht gesehen. Und erst recht nicht, nachdem die österreichischen Herren in den ersten Rennen keinen Sieger stellen konnten, sondern ein gewisser Ted Ligety sowohl die Goldmedaille im Super-G als auch in der Kombination abgeräumt hatte.

Ich hab in einem Hotel gewohnt, in dem auch die Mannschaften einiger anderer Nationen untergebracht waren. Da konnte ich ganz gut beobachten, dass deren Athleten im Gegensatz zu unseren sehr wohl etwas von dem schönen Schladming zu sehen bekamen. Noch am Nachmittag vor der großen Entscheidung in der Abfahrt habe ich einige Sportler noch ganz gemütlich durch den Ort spazieren sehen, während die Österreicher hantelnschubsend in ihrer supermodernen Fitnesshalle standen, um auch noch das letzte bisserl Zusatzkraft rauszukitzeln.

Dreimal darfst du raten, welche Nationen am nächsten Tag in der Abfahrt triumphiert haben: Norwegen, Italien und Frankreich. Kein einziger Österreicher war auf dem Podest. Was für eine Niederlage. Dabei haben die anderen nicht gewonnen, weil sie von der Kraft her oder technisch besser waren als die unseren – da haben sie sich nicht viel genommen –, sondern weil sie es einfach im richtigen Moment auch einmal haben gut sein lassen mit dem Training und sich a guate Zeit gegönnt haben. Physisch stark zu sein ist gut, physisch und mental gut drauf zu sein noch besser.

Das ist im Beruf auch nicht anders: Stell dir vor, du gehst zum Jobgespräch. Selbstverständlich bist du gut vorbereitet und ordentlich angezogen. Du gehst auch rechtzeitig hin, damit du ja nicht zu spät kommst. Dann stehst du eine Viertelstunde vor der vereinbarten Zeit vor dem Gebäude. Jetzt hast du zwei Möglichkeiten: Entweder du trippelst die restlichen Minuten vor der Tür auf und ab und gehst gedanklich zum einhundertsten Mal deine Argumente durch. Oder du setzt dich noch auf einen Cappuccino in das kleine Straßencafé gegenüber, lässt dir die Sonne ins Gesicht scheinen und denkst an deine Pläne für die nächste Skitour. Es ist nicht schwer zu erraten, mit welcher Alternative du im Bewerbungsgespräch lockerer und authentischer rüberkommst.

Und so ist das auch beim Gesundsein: Immer nur durchzuziehen macht Stress. Weißt du: Wenn du erst einmal mit genügend Vitalstoffen, Wasser, Bewegung und so weiter deinen Stoffwechsel in Schwung gebracht hast, dann kannst du auch mal feiern gehen oder dir das Leberkässemmerl schmecken lassen. Das verkraftet dein Stoffwechsel dann locker und deine Stimmung ist super.

Wer sich niemals was gönnt, der hängt irgendwann in den Seilen. Obwohl er gesund lebt. Oder gerade deswegen. Weil er nämlich eine wichtige Zutat vergisst: gut drauf zu sein!

DIE GUT-DRAUF-KOMBI

Es ist der Mangel an Spaß und Freude, der die ganze Fülle in den anderen Bereichen kaputt macht. Deswegen: Leb gesund – aber nicht immer!

Zum Beispiel so: Als Erstes gehst du für eine halbe Stunde ins Fitnessstudio und gönnst dir ein kurzes, knackiges Training. Kümmer dich dabei vor allem um die Muskeln, die für deine Haltung gut sind. Wer

es schafft, aufrecht durchs Leben zu gehen, der ist viel besser drauf.

Mehr als 30 Minuten müssen es gar nicht sein. Gerade wenn du den ganzen Tag im Büro gesessen bist, ist es doch eh blöd, sich dann wieder ewig auf den Heimtrainer zu setzen und die nächste Wand anzustarren. Stattdessen gehst du lieber raus in die Natur. Du kannst dich ja vielleicht auf dein Radl schwingen und die 10 Kilometer zu dem traumhaften See radeln. Dann hast du neben der Bewegung auch noch Licht und Luft – beides ganz wichtig.

Und der perfekte Abschluss ist dann, wenn du dich später im Biergarten mit Freunden triffst zum Reden und Lachen. Vielleicht führst du dabei ja auch gleich dein neues maßgeschneidertes Hemd oder das schicke Kleid aus, das du neulich erstanden hast. Das gibt dann auch noch bewundernde Blicke obendrauf.

Und weil du deinen Stoffwechsel ja so richtig gut in Schwung gebracht hast, kannst du dir auch was Gutes zum Essen bestellen. Damit das so bleibt, musst du ja auch was essen. Und das möglichst genussvoll. Also such dir ruhig was aus, was dir so richtig gut schmeckt. Sagen wir … einen Kaiserschmarrn! Oder ein Weißbier! Total ungesund, ganz bestimmt, aber wenn du heut so richtig Lust darauf hast? Nachdem du die ganze letzte Woche deinem Stoffwechsel gegeben hast, was er braucht, ist er jetzt in der Lage, das zu verdauen, worauf du Appetit hast.

Na, was sagst? Klingt das nach einer guten Kombi? Einer Gut-drauf-Kombi? Probier's halt mal aus, und zwar nach dem Motto: gesund, gesund, gesund, gesund, ungesund. Und dann wieder von vorn. Mein Tipp für dich: Mach's richtig. Jeden Tag unentschieden bringt dir nichts – so ein bisschen verzichten, so ein bisschen genießen –, zieh's durch. Und dann freust du dich auf deinen Kaiserschmarrn oder dein Weißbier und genießt das so richtig. Ich garantier dir, dass dir das besser tut, als nur und immer gesund zu leben!

9 DU KANNST NICHT ABNEHMEN, WENN DU UNTERVERSORGT BIST

Lieber männlicher Leser, magst mal was ausprobieren? Setz dich für eine halbe Stunde voll in die Sonne. Spür, wie der ganze Körper knallheiß wird und der Schweiß dir nur so runterläuft. Und dann beweg dich für eine halbe Stunde, egal wie, mach irgendwas, was dir Spaß bringt. Wenn du danach an deinen Bauch greifst: Ist der noch warm? Ja? Super! Wenn nicht, mach dir keinen Stress, du bist nicht allein mit deinem kalten Wamperl! Das ist nämlich die Schwachstelle bei uns Männern. Der ist deswegen so kalt, weil er nicht trainiert ist und daher schlecht durchblutet.

Bei den Mädln ist bei dem Experiment eher das Mittelfeld betroffen: Der Po und die Oberschenkelinnenseite.

Die Stellen, die sich kalt anfühlen, sind besonders angreifbar. Das sind die weiblichen und männlichen Problemzonen. Da sind die Zellen unterversorgt. Dort fehlen vor allem Enzyme und Mineralstoffe. An diesen Stellen setzen Männer und Frauen am schnellsten an!

Klar, irgendwie abnehmen, das geht immer! Blöderweise zuerst an den falschen Stellen. Da, wo du am schnellsten zulegst, nimmst du leider auch am langsamsten ab. Ganz schön gemein, gell? Trotzdem: Problemzonen wegzutrainieren, das hat schon was. Bevor du damit startest, rat ich dir aber: Bring erst mal deine Stoffwechselmaschine in Schwung!

DEIN STOFFWECHSEL IST EINGESCHLAFEN

Eine Freundin von mir hat jedes Jahr denselben Stress. Vier Wochen vorm Urlaub muss ein neuer Bikini her. Freilich in den Trendfarben der Saison. Aber in der Kabine schaut sie sich im Spiegel an und merkt:

Mit der Figur passt es noch nicht so ganz. Einen Monat hat sie Zeit, um das zu beheben. Was also macht sie? Genau, weniger essen. Aber das ist nicht so schlau! Denn ich hab ja schon erzählt: Wenn der Stoffwechsel nix zum Arbeiten kriegt, wird er langsam. Wenn wir nicht genügend mit Vitalstoffen versorgt sind, läuft die Fettverbrennung automatisch schlechter.

Ja, und wenn meine Freundin dann im Urlaub ist, da genießt sie! Aber so richtig! Ein Cocktail am Pool, Pommes frites mit Mayo am Strand. Aber ihr Stoffwechsel, der läuft ja seit vier Wochen auf Sparflamme. Und der kann nicht so schnell umschalten. Und so steigt sie schwerer denn je in den Flieger heimwärts. Glaubt mir, das ist die reinste Stoffwechselsabotage, was die da macht. Und ein rechter Schmarrn. Viel effektiver wäre es, sie würde dafür sorgen, dass sie täglich die Vitalstoffe bekommt, die sie braucht.

HOL DIR DEN VITALSTOFF-TSUNAMI

Auf Vitalstoffe solltest du nie verzichten. Ich bin mir tausendprozentig sicher, dass wir keine Chance haben, diesen Bedarf durch natürliches Essen zu decken. Auch wenn du die Lebensmittel beim Bioladen, auf dem Bauernhof oder sonst wo kaufst. Du müsstest nichts anderes essen als Obst, Gemüse und Kräuter, um dein Soll zu erfüllen. Das sollte dann ungespritzt, ungelagert, ungekocht und superfrisch sein, damit es die Enzyme und Vitamine tatsächlich liefert.

Glaubst, das haut hin? Ich nicht!

In der Schulzeit wurde mir noch was von fünf Portionen Obst und Gemüse am Tag eingetrichtert. Neueste Studien sprechen sogar von deutlich mehr. Und ich sag dir auch, warum das so ist: Es gibt zwar heute mehr Auswahl, aber ein Großteil der Produkte ist – Weißt du's noch? – genau: Industriemüll. Da ist nix mehr drin! Deswegen brauchst heute fast doppelt so viele Vitaminbomben. Oder meinst du, dass in dem Apfel, der schon ewig an der Tankstelle liegt, noch Vitamine drinstecken? Oder dass gerade dein Apfel kein Spritzmittel oder Wachs abgekriegt hat?

Wir sind täglich auf Mineralstoffe, Spurenelemente, 13 Vitamine, acht Aminosäuren, Fettsäuren und Enzyme angewiesen. Diese Nährstoffe sind notwendig für unsere 100 Billionen Zellen, die sich jeden Tag teilen. Wird dir schon so schwindelig wie mir?

Klar, frische Kräuter aus dem eigenen Garten sind was Feines! Aber für eine dauerhaft gesunde Ernährung, da brauchst Zeit. Und die hast nun mal nicht jeden Tag, oder? Unser Körper kann die Vitamine nicht speichern. Der braucht ständig Nachschub! Sag selber, wie willst das je schaffen?

Also, wie kommst an deine Vitalstoffe? Ich sag's dir: Dreh dir den schon erwähnten absoluten Vitalstoff-Tsunami rein! Und das ist supereasy. Am besten, du gönnst deinem Körper zum Start in den Tag gleich zum Frühstück einen Löffel basis-verstoffwechseltes Eiweiß und einen Löffel Vitamine. Aber bloß nix Synthetisches! Wichtig ist, dass es biologisches Zeug ist. Da müssen natürliche Rohstoffe drin sein – kaltgepresst. Und damit machst dir deinen Joghurt oder Smoothie fein. Hast du das erst mal drin, ackert dein Stoffwechsel den ganzen Tag wie ein Wiesel und verträgt auch die ein oder andere Sünde.

Achte im Alltag einfach drauf, dass dein Teller bei jeder Mahlzeit mindestens zur Hälfte gesund und spannend ausschaut. Die eine Seite ist beladen mit Salat, Gemüse, Kräutern oder Obst. Auf die andere kannst du gern gute Kohlenhydrate, Eiweiße und Fette packen. Wenn du das fünfmal die Woche schaffst: super! Die restlichen zwei Tage kannst auch mal lockerer angehen, da musst du es mit dem Halbe-Halbe nicht so ernst nehmen. Das ist mein 5:2-Lifestylekonzept, das sich supergut bewährt hat: Wenn du fünf Tage richtig ernst machst mit deinen Vorsätzen, dann ist es gar kein Problem, wenn du dich ein oder zwei Tage nicht so genau daran hältst.

Und die Knaller-Nachricht hast du auch schon gehört: Dein Körper braucht Fett! Auch wenn viele Pseudoexperten immer noch das Gegenteil behaupten. Und warum braucht er das Fett? Ich sag's dir: zum einen, um Vitamine aufzunehmen; zum anderen muss das Nervensystem mit Fett versorgt werden. Wusstest du, dass unser Nervensystem 780.000 Kilometer lang ist? Das entspricht in etwa der Strecke von der Erde zum Mond und zurück!

Dabei sind die einzelnen Nerven 50-mal dünner als ein Haar, also hauchzart. Wodurch wird dieses sensible Kunstwerk geschützt? Genau, durch Fett. Und diesen Fettbedarf zu decken, dabei helfen vor allem hochwertige Omega-3-Fettsäuren. Die findest du in den richtigen Ölen. Gute Quellen sind Lein- und Rapsöl, Walnüsse und fetter Seefisch.

Zwei Kilo runter, drei Kilo drauf. Kennst das? Gemein, oder? Hör auf mit Diäten, die du nur für ein paar Wochen aushältst. Mach lieber Dinge zur Gewohnheit, die du im Alltag durchziehen kannst. Mach's beim Frühstück so flink wie beim Boxenstopp in der Formel 1: Nimm den Vitaminshaker, schüttel das Ganze durch und rein damit. Dann hast für den ganzen Tag getankt.

Kennst Leut, die zu dir rüberkommen, rank und schlank, obwohl die nicht anders leben als du? Die wollen dir dann was von eiserner Disziplin erzählen! Vergiss die. Die haben null Ahnung! Die haben wahrscheinlich von Natur aus einen Spitzenstoffwechsel. Aber es gibt genügend Menschen, bei denen ist der Stoffwechsel dahin. Die müssen ständig gegen den Mangel anlaufen. Vor allem bei dickeren Menschen ist der Stoffwechsel beschädigt! Dabei können die oft nix dafür! Und auch denen sag ich: „Deine Stoffwechselmaschine, die kriegen wir schon wieder hin!"

Merkzettel

- ☐ Lass die Hälfte deines Tellers gesund und spannend ausschauen: Füll ihn mit Salat, Kräutern, Gemüse und Obst.
- ☐ Starte den Tag mit einem Vitalstoff-Tsunami.
- ☐ Gib deinem Körper in der Früh, was er braucht, dann macht er den ganzen Tag, was du willst.
- ☐ Besorg dir Leinöl.
- ☐ Mach einen Ölwechsel: schlechte Öl raus, gute Öle rein.
- ☐ Hör auf mit Diäten, die du nicht durchziehen kannst.
- ☐ Wenn du Heißhunger hast, bist du kein schlechter Mensch. Es fehlen dir nur wichtige Nährstoffe.
- ☐ Ernähr dich nach dem 5-2-Prinzip: fünf Tage richtig gesund, zwei Tage mit ein bisschen Sünde.
- ☐ Vergiss die eiserne Disziplin.

10 DER SPRIT DEINES KÖRPERS IST WASSER

Hast schon gewusst, dass dein Körper im Verlauf deines Lebens kontinuierlich austrocknet? Klingt grauslich, oder? Keine Sorge, das ist ein ganz natürlicher Prozess, den du nicht verhindern kannst. Aber du kannst gegensteuern. Wenn du also nicht irgendwann zur Trockenpflaume werden willst, dann kippst am besten regelmäßig genug Wasser nach. Und ich meine tatsächlich Wasser. Nicht Saft, nicht Bier und nicht Eistee. Dein Körper besteht zu über der Hälfte aus Wasser. Wenn es dir gut gehen soll, dann muss das auch so bleiben.

Deine Muskeln beispielsweise können nur etwas leisten, wenn sie gut mit Wasser aufgefüllt sind. Ebenso deine Gelenke. Oder dein Darm. Der braucht Wasser, um Nährstoffe aufzunehmen und Giftstoffe loszuwerden. Und dein Gehirn kann auch nix denken ohne Schmierstoff. Merkst was? Ohne Wasser läuft bei dir gar nix!

DEIN KÖRPER LEIDET UNTER DER TROCKENZEIT

Dass du viel trinken sollst, hörst ständig, oder? Im Elternhaus und in der Schule lernen Kinder, wie wichtig Wasser für den Körper ist. An jeder Ecke stehen Wasserspender. Auch wenn das Thema eigentlich allgegenwärtig ist, gehen viele da eher halbherzig ran. Die meisten, die ich beim Coaching kennengelernt hab, trinken zu wenig! Der Körper kriegt nicht genug Wasser. Und ich sag dir, diese Trockenzeit hat Konsequenzen.

Wenn du am Tag zu wenig trinkst, kannst du superschlecht schlafen. Und wenn du schlecht schlafen kannst, was kommt dann am nächsten Tag? Richtig, da bekommst Kopfweh. Der Arzt deines Vertrauens rät dir dann sofort, dass du mehr trinken sollst, wenn du zu ihm kommst. Es ist erwiesen, dass Menschen mit zu wenig Flüssigkeit häufiger an Migräne leiden.

Nicht nur, dass du dich nicht wohlfühlst, wenn du zu wenig trinkst. Dein Köper kann dann auch einfach viel weniger leisten. Ins Fitnessstudio brauchst, ohne vorher genug Wasser getrunken zu haben, gar nicht erst zu gehen. Dein Muskel kann weder wachsen noch richtig powern, wenn er nicht mit Nährstoffen versorgt wird. Und warst du schon mal länger mit dem Rad unterwegs und am Ende der Tour war vielleicht noch ein ordentlicher Anstieg zu meistern? Da weißt, wie schwer es dem Körper fällt, ohne zusätzliche Wasserzufuhr die Kilometer mitzugehen. Wenn du dehydriert bist, wirst du unruhig und unkonzentriert, bis zuletzt deine Muskeln streiken. Dann geht nix mehr.

DIE WASSERFLASCHE IST WICHTIGER ALS DEIN HANDY

Dein Wasser gehört dahin, wo du bist! Wenn du dir abends den Wecker stellst, platzierst du am besten gleich noch ein großes Glas Wasser auf dem Nachtkastl. Über Nacht trocknet dein Körper ordentlich aus, so kannst ihn gleich richtig auffüllen. Achte auch beim Frühstück darauf, dass die Wassermenge stimmt. Wenn du nur einen Kaffee und eine Semmel auf dem Tisch hast, fehlt einfach was. Grad in der Früh ist das Trinken superwichtig!

Ich mach mir beispielsweise immer einen Smoothie aus Wasser, Proteinen, Obst, Gemüse und natürlichen Vitalstoffen. Dann hab ich einen perfekten Mix aus gutem Stoffwechseltreibstoff und Flüssigkeit. Und weißt du, was ganz verrückt ist? Wenn du im Hotel bist, dann gibt's da immer nur so winzige Gläschen. Damit die Leut nur nicht zu viel nehmen! Ich sag dir, das ist grob fahrlässig. Füll die am besten gleich vier- oder fünfmal auf, sodass du genügend Flüssigkeit kriegst. Was jetzt noch fehlt, ist die Wasserflasche für unterwegs. Die vergessen die meisten. Wenn dein Handy nicht in der Tasche ist, dann legst aber einen Sprint ein und holst es, oder? Ich hab noch keinen erlebt, der wegen einer Trinkflasche zurückgerannt ist! Dabei richtet es im Körper keinen Schaden an, wenn du mal nicht erreichbar bist. Aber wenn dir Wasser fehlt, dann schadet dir das gewaltig!

Weißt, was ich komisch find? Den Kindern geben die Eltern immer und überall eine Trinkflasche mit. Die achten penibel drauf, dass der Nachwuchs ordentlich trinkt. Und bei sich selber? Da lassen sie plötzlich die Zügel total schleifen. Die halten durch bis zum Mittag, ohne was zu trinken. Klar, an der Kaffeemaschine kommen sie öfter vorbei. Aber Wasser? Fehlanzeige. In der Cafeteria gibt's dann ein 0,2-Liter-Gläschen zum Essen. Und das war's dann oft bis zum Feierabend. Das ist Hardcore für deinen Körper. Das ist Körperverletzung!

Ich sag dir was: Dein Körper braucht viel, viel mehr als das! Es gibt da eine ganz gute Faustregel: Pro 25 Kilo sollst du einen Liter Wasser trinken. Wenn du also 70 Kilo wiegst, dann sind das knapp drei Liter pro Tag. Die Leut meinen oft, dass eine solche Menge am Tag kaum zu schaffen ist. Aber ich glaub, auf dem Oktoberfest schaffst das doch auch. Und zwar locker in zwei Stunden, oder?

Klar, so richtig sexy ist Wassertrinken nicht. Aber das heißt ja nicht, dass du es gleich noch farbloser machen musst. Leg die fade PET-Flasche beiseite und besorg dir eine richtig coole Trinkflasche! Du hast sie ab jetzt jeden Tag dabei. Wenn dir der Geschmack von kaltem, klarem Wasser nicht liegt, kannst du auch variieren. Vielleicht magst auch mal ein paar Ingwer- oder Zitronenscheiben ins Wasser tun oder etwas frische Minze. So sorgst du für eine gesunde Abwechslung beim Trinken. Achte in jedem Fall darauf, dass du wirklich sauberes Wasser trinkst! In den meisten Gegenden ist die Wasserqualität sehr gut, weil das sehr viel strenger kontrolliert wird als das gekaufte Mineralwasser.

Da kannst du dein Glas einfach am Wasserhahn auffüllen. Wenn du dir unsicher bist, lass dein Wasser testen. Grad wenn du alte Leitungen im Haus hast, kann es sein, dass im Wasser etwas Rost ist.
Bei mir im Wochenendhaus beispielsweise hab ich das Wasser nicht so gern getrunken. Ich hab es dann mal testen lassen. Die Qualität war tatsächlich nicht gut. Ich hab mir einen kleinen Wasseraufbereiter gekauft, seitdem trink ich es richtig gern.
Jetzt brauchst du nur noch eine Idee dafür, wie du dran denkst, auch wirklich zu trinken. Dass die Flasche in deiner Tasche ist, reicht nicht. Eine gute Faustregel ist: pro Stunde ein kleines Glas Wasser. Oder du nimmst immer dann einen Schluck, wenn du merkst, dass dein Mund pappig wird. Vielleicht stellst du dir auch den Timer in deinem Handy. Lass deiner Kreativität freien Lauf. Egal wie, die Hauptsache ist, dass du trinkst und so der Dörrpflaume entgehst.

MERKZETTEL

- ☐ Du bist müde? Du hast Kopfweh? Trink!
- ☐ Stell dir jeden Abend ein großes Glas Wasser aufs Nachtkastl.
- ☐ Sorg dafür, dass du beim Frühstück ausreichend trinkst.
- ☐ Füll die Gläschen beim Hotelfrühstück fünfmal auf.
- ☐ Trink besonders in der ersten Tageshälfte.
- ☐ Besorg dir eine richtig coole Trinkflasche.
- ☐ Mach die Wasserflasche zu deinem ständigen Begleiter.
- ☐ Mach dein Wasser sexy wie einen Cocktail, nur ohne Alkohol: Sorge für Abwechslung durch Ingwer, Minze, Zitrone und Co. Die sind gesund und machen Spaß.
- ☐ Schaff dir eine ganz persönliche Trinkerinnerung.
- ☐ Wenn du nicht genug trinkst, brauchst auch nicht ins Fitnessstudio. Ein dehydrierter Muskel wächst nicht!
- ☐ Bei schlechter Trinkwasserqualität ist ein Wasseraufbereiter eine gute Alternative.

11 DENKE, WAS DU WILLST

Ich wollt als kleiner Bub Feuerwehrmann werden. Und du? Zauberkünstler, Kapitän, Prinzessin oder Tierärztin? Wenn du mit Leuten redest, haben sie alle so tolle Träume gehabt für ihren Beruf. Und wie ist's dann weitergegangen? Ich sag dir was: Später nach dem Schulabschluss kommt maximal noch ein sicherer Bürojob auf die Wunschliste. Schad, oder?

Irgendwo auf dem Weg zwischen Schule und Arbeitsleben gehen die Träume verloren. Zuerst kommen die Eltern und raten dir ab, den Baum komplett hochzuklettern, weil das zu gefährlich ist. Später reden dir die Lehrer deinen unrealistischen Berufswunsch aus. So lang, bis du in die Norm passt. So lang, bis Gewohntes auch zu deinem Maßstab wird.

Mich schmerzt das immer brutal, wenn ich sehe, wie sich Menschen im Lauf ihres Lebens immer weiter runtertrainieren. Die Gedanken werden immer kleiner, immer durchschnittlicher. Hey, und wenn du dich in durchschnittlichen Denkmustern bewegst, dann musst du damit rechnen, dass du auch nur was Durchschnittliches kriegst. Eben das, was du immer schon bekommen hast, und das, was andere auch kriegen. Vom Himmelsstürmer bleibt dann nicht viel übrig. Was meinst: Muss das so laufen?

Weißt was? Das geht auch ganz anders! Der Walt Disney hat nicht nur die Micky Maus erfunden, sondern auch sehr gescheite Dinge gesagt. Zum Beispiel: „Wenn du von etwas träumen kannst, dann kannst du es auch erreichen.“ Weißt was? Ich seh das ganz genauso. Wenn du von etwas, das du willst, ein Bild vor Augen hast, wenn du eine Ahnung davon hast, wie es aussehen wird oder wie es sich anfühlt, dann kannst du dir auch vorstellen, wie du dahin kommst.

Andersherum ist es unmöglich, irgendwas auf den Weg zu bringen, das du nicht benennen kannst. Wenn du keine Ahnung vom Ziel hast, dann fehlt dir nicht nur die Information, ob du rechts oder links abbiegen musst. Du weißt noch nicht mal, dass du überhaupt durchstarten sollst!

TRÄUM WEITER

Du musst dich nicht mit dem Mittelmaß zufriedengeben. Ganz und gar nicht! Klar, dass deine Eltern und Lehrer so vorsichtig agieren, kannst du nicht verhindern. Aber du kannst dich wieder von diesen Restriktionen im Kopf frei machen.

Ein Bekannter von mir wollte eigentlich so gern mal wieder mit seinen Kindern Mountainbike fahren. Eigentlich! Aber er hatte das Thema inzwischen begraben. Und warum? Weil er schließlich keine 30 mehr war und mit der Kondition war es auch nicht weit her. Schmarrn! Wir haben seinen Traum wieder auf die Agenda geholt und an seiner Fitness gearbeitet. Und weißt was? Heute macht er es! Immer in den Sommerferien fährt er mit seinen beiden Söhnen in die Berge. Super, oder?

So wie meinem Bekannten geht es vielen Menschen. Sie haben sich eingerichtet in ihrem Leben. Jetzt noch mehr zu wollen, erscheint vielen von ihnen vermessen, das antrainierte Sicherheits- und Zufriedenheitsdenken schlägt zu. Und so trauen sie sich nicht, daran zu denken, vielleicht doch noch Astronaut werden zu wollen.

Lass dir deine Träume um Himmels willen nicht ausreden! Leg das Mittelmaß zur Seite und denk bewusst eine Nummer größer. Du willst ein Häuschen am See, weil du unbedingt jeden Morgen nach dem Aufwachen eine Runde schwimmen willst? Dann geh es an. Stimmt, das ist nicht unbedingt vernünftig. Aber Vernunft macht auch nicht besonders viel Spaß, oder?

MAL DIR WAS AUS

Wie schaut denn die Situation aus, die du erreichen willst? Mal sie dir einfach mal aus. Und dann mach sie sichtbar, sodass du sie vor dir siehst, jeden Tag. Damit meine ich keine To-do-Liste im PC oder im Notizbüchl. Auf so einer Liste darfst du getrost die nächste Inspektion fürs Auto notieren oder die Reparatur des Staubsaugers oder den Anruf bei einem Spezl. Wenn es darum geht, was du in deinem Leben noch unbedingt tun willst, braucht es unbedingt mehr Emotionen. Dann braucht es Bilder. Ich geb dir einen Tipp: Gestalte dir deine ganz persönliche Zielcollage.

Mal deine Wünsche auf. Oder schneide etwas aus Zeitungen aus. Alles ist erlaubt. Klingt nach Bastelei und gehört in den Kindergarten? Kann sein. Aber wenn du deinen Traum einfach auf einem Post-it niederschreibst, dann bleibt er nicht mehr als eine Notiz. Groß ist was anderes, oder?

Ich hab auch so eine Collage. Weißt, was da zum Beispiel mal als Wunsch drauf war? Mehr Zeit für meine Lieben. Und das habe ich so umgesetzt: Ich darf jedes Jahr an einer Veranstaltung in der Karibik teilnehmen und sogar eine Begleitung mitbringen. Im letzten Jahr habe ich meine Mama mitgenommen! Ich wollte endlich mal wieder so richtig Zeit mit ihr verbringen, ihr ein bisschen was zurückgeben für alles, was sie mir gegeben hat, und eine gemeinsame schöne Erinnerung schaffen. Das hat toll funktioniert. Solche Erinnerungen sind tausendmal mehr wert als jedes dicke Auto, das du dir vielleicht in deiner 80-Stunden-Woche erschuftet hast. 80 Stunden, in denen du deine Familie nicht zu Gesicht bekommen hast.

Wenn du deine Collage erstellt hast, dann leg sie nicht in die Schublade. Häng sie nicht in irgendeine dunkle Ecke, wo sie keinen stört. Nein, hol sie auf die Bühne! Häng sie da auf, wo du jeden Tag vorbeikommst. Aber nicht ins Büro, da wird sie nur von anderen zerredet. Nein, such dir lieber in deinem privaten Umfeld einen guten Platz.

Meine Zielcollage hängt bei mir im Schlafzimmer. Das ist bei mir der größte Raum und auch der mit dem meisten Licht. Hier hole ich mir meine wichtigen Inspirationen. Und die Bilder machen mir auch noch gute Träume.

Vielleicht ist bei dir der beste Ort die gemütliche Essküche oder auch das Wohnzimmer? Egal. Hauptsache, es ist ein Ort, an dem du gern und oft bist.

Wenn du dann an deiner Collage vorbeikommst, wirst du spüren, was für ein super Gefühl das ist, sich schon jetzt auf das Ergebnis zu freuen. Und du erreichst gleich noch was: Du bist nämlich raus aus der „Zufriedenheitsfalle". Denn weißt, wenn Menschen etwas verändern wollen, dann brauchen sie einen guten Grund. Doch der fehlt in der Regel. Es läuft ja halbwegs, sie sind zufrieden und so fahren sie ihren Stiefel weiter. Aber bei dir wird das anders sein! Weil dich deine Collage jeden Tag darauf hinweist, dass da noch etwas ist, was du unbedingt erledigen willst. Und du wirst sehen: Du wirst es tun!

SEI OFFEN IM KOPF

Was du jetzt noch brauchst: Werd dir klar darüber, wie du hinkommst zu deinem Ziel. Allein, dass die Collage da hängt, reicht nicht.

Mach dir klar, dass die Lösung nicht auf dem herkömmlichen Weg liegt. Einfach mehr arbeiten, damit du mehr Geld hast? Dann hast du keine Zeit, an deinem Traum zu arbeiten. Weniger arbeiten, damit du mehr Zeit hast? Dann kannst du dir deinen Traum nicht leisten. Mehr vom Gleichen bringt dich nicht weiter. Besser, du schaust nach Alternativen. Vielleicht trittst du in deinem bestehenden Job etwas zurück und baust dir parallel ein neues Business auf? Vielleicht wirst du auch hellhörig, wenn ein Freund dir von seinem neuen Hobby erzählt. Und du erkennst plötzlich, dass sich da Verbindungen zu deiner Idee auftun. Und dann steckt ihr die Köpfe zusammen und macht was Gemeinsames draus. Genial, oder?

Weißt, oft sind es genau diese Gelegenheiten, die dich voranbringen. Wichtig dafür ist, dass du offen bist im Kopf. Und auch, dass du dich nicht beirren lässt. Stell dich darauf ein, dass du anecken wirst – eben weil du nicht mit dem Strom schwimmst und nicht nach Schema F arbeitest.
Egal was du tust, deine Collage macht das mit. Sie ist niemals abgeschlossen, sondern genauso lebendig wie du und dein Leben! Eine neue Idee kommt auf den Tisch? Dann überkleb die alte einfach. Du hast ein Ziel erreicht? Dann hefte ein Foto von deinem ersten begeisterten Kunden an die Collage. Genieß das Supergefühl! Und dann machst dich auf zur nächsten Etappe.

MERKZETTEL

- Wenn du einen Wunsch hast, lass ihn dir nicht ausreden.
- Überlege dir, wie der Zustand oder die Situation aussieht, die du erreichen willst.
- Mal ein Bild von dieser Situation.
- Zeichnen, schneiden, kleben – alles ist erlaubt.
- Mach dir deine persönliche Zielcollage. In echt, nicht im PC.
- Häng deine Zielcollage in deinem privaten Umfeld auf, dort, wo du wirklich gern bist.
- Such dir Wege abseits des Mainstreams, um deinen Traum zu leben.
- Einfach mehr vom Gleichen bringt dich deinem Ziel nicht näher.
- Sei offen für Gelegenheiten und Gespräche.
- Rechne damit, anzuecken.
- Lass deine Collage sich mit deinem Leben entwickeln. Hat sich eine Idee erledigt, überkleb sie. Denkst du an etwas Neues? Dann ergänze es.
- Frage Leute, die da sind, wo du hinwillst, wie sie das geschafft haben: Sie werden dir Antwort geben.

12 WENN DU NICHT MAGST: LASS ES!

Ich hab einen Freund, der hat grad mit einem Tanzkurs angefangen. Kein Standardkurs, nach dem du dich bei Hochzeiten nicht mehr blamierst, sondern einen Kurs für einen ganz ausgefallenen Brauchtumstanz. Da geht's ganz schön wild zu mit Luftsprüngen und allem Drum und Dran. Dabei ist er eher der gemütliche Typ. Der hat mit Musik und Tanz sonst nicht viel am Hut.

Ich hab ihn gefragt, warum er das macht. Und weißt du, was er mir geantwortet hat? Er meinte nur: „Eigentlich habe ich gar keine Lust darauf. Es ist jedes Mal eine reine Qual. Aber meine Freundin ist ganz wild darauf und will nicht allein hingehen. Deshalb gehe ich halt mit."

Jetzt frag ich dich: Meinst, der wird irgendwann Freude an diesem Tanz haben? Ich sag dir, das wird nix. Und seiner Freundin tut er auch keinen Gefallen, wenn er da mitgeht. Die merkt doch auch, dass das nicht sein Ding ist.

Kennst du auch Leute, die was machen, was sie eigentlich gar nicht machen wollen? Ich kenn welche, die Zumba machen, weil es alle machen – dabei würden sie viel lieber im Wald zum Walken gehen. Und manche versuchen zu meditieren, weil das hip ist – und langweilen sich nur. Und andere lernen Geige, weil die Angebetete gesagt hat, dass sie nur einen Musiker heiraten will – doch unmusikalisch bleibt unmusikalisch.

Nobody is perfect. Und das ist auch gut so. Jeder hat seine Stärken. Irgendwas, in dem er besser ist als andere. Und so hat auch jeder seine Schwächen, wo andere besser sind. Ich zum Beispiel, ich liebe Musik. Aber ich bin extrem unmusikalisch. Ich würd so gern ein Instrument spielen können, aber wenn du mir eine Gitarre in die Hand gibst und ich versuch, was zu spielen, klingt das, wie wenn du einer Katz auf den Schwanz trittst. Ja mei, dafür bin ich ein guter Sportler. Und selbst da

hab ich meine Stärken und Schwächen: Ich bin ein guter Schwimmer, aber wenn es ums Laufen geht, bin ich nicht vorn mit dabei.
Ich sag nicht, dass du alles, was du machst, perfekt beherrschen musst. Solange du Freude daran hast, ist alles gut.

Lass dich von deinem Bauchgefühl leiten und sei egoistisch. Tu nicht etwas nur deinem Partner zuliebe, sondern mach es für dich. Weil du es willst. Lass dich nicht von deinem Umfeld beeinflussen und spiel Tennis, nur weil alle in deiner Clique das tun. Und wenn du mehr Zeit mit deinem Partner verbringen willst und sich dafür nur noch das Golfspielen anbietet? In dem du eigentlich völlig unbegabt bist? Ja, okay, das passt schon! Dann vergiss aber nicht, dass es dir dabei nicht ums Golfen geht, sondern um die gemeinsame Zeit. Dann genieß nicht den Sport, sondern dass ihr zusammen seid! Ist doch super!
Finde heraus, wo deine Stärken und Schwächen liegen und was dir wirklich Spaß macht. Wenn dir was nicht so liegt, erkennst du es immer ganz schnell daran, dass du die Tätigkeit aufschiebst wie den Hausputz oder den Zahnarzttermin. Ich glaub nicht, dass sich dadurch, dass du es ständig wieder probierst, deine Vorlieben ändern. Was du jetzt nicht magst, magst auch später nicht. Was du jetzt willst, wirst immer wollen. So einfach ist das!
Schau, wo du dich sofort hingezogen fühlst. Da musst hin! Da, wo du nicht müde wirst, bist du gut. Ich zum Beispiel könnte stundenlang Radfahren, das macht mir einen Heidenspaß. Deswegen schwing ich mich in den Sattel, so oft ich kann.
Ich rat dir: Betreibe das, was du gut kannst, so intensiv wie möglich. Mach dein Ding und überlass den Rest denen, die es besser können.

13 WERDE WORTSPENDER!

Ist dir das auch schon passiert, dass dein Koffer am Flughafen beim Check-in Übergewicht hat? Ich sag dir, das kann teuer werden. Da kannst dich richtig ärgern und ordentlich draufzahlen, locker 50 bis 100 Euro. Saumäßig frustig, oder? Aber du kannst auch probieren, was einer vor mir in der Warteschlange am Salzburger Flughafen mal gemacht hat.

Die Frau am Schalter ist etwas hantig: grimmiges Gesicht, knappe Anweisungen, kein Blickkontakt. Einige Leut sind schon zur Kasse gebeten worden, weil sie ein paar Kilo mehr ins Kofferl gepackt hatten, als erlaubt ist. Auwei, denk ich mir, die ist bissig! Als der Passagier vor mir dran ist, macht er ihr erst mal ein Kompliment: „Grüß Gott, so ein Mordsandrang heut wieder. Aber bei Ihnen geht's ja ruckzuck. Wahnsinn, wie gut Sie das hier organisiert haben!" Da schaut sie einen Moment irritiert auf – mit so etwas hat sie nicht gerechnet, sag ich dir! Und er nutzt den Augenblick und lächelt sie superfreundlich und offen an. Und schiebt noch einen nach: „Ich hoff, sie haben auch bald Urlaub und können mal selber wegfliegen. Das haben Sie sich sauber verdient!" Weißt du, was die Frau daraufhin macht? Sie lächelt, vielleicht zum ersten Mal an diesem Tag! Und was passiert dann? Ich seh genau, dass sein Koffer drei Kilo zu viel auf die Waage bringt – aber sie winkt den Mann kommentarlos durch. Und wünscht ihm dann noch mit einem netten Blick einen guten Flug. Wahnsinn, oder? Und als ich an die Reihe komme, ist sie immer noch ganz freundlich und entspannt.

Weißt was? Das funktioniert nicht nur am Check-in-Schalter! Das geht überall. Sei einfach mal nett zu deinem Gegenüber, mach ihm eine Freude, dann wird das Leben viel leichter und angenehmer. Und wenn dir das noch ein bisserl schwerfällt, dann trainier es einfach mal öfter. Du wirst sehen, das bringt viel mehr Spaß, als immer nur beim kollektiven Griesgram-Spiel mitzumachen.

RAUS AUS DER DECKUNG

Wenn ich so durch die Städte spazier, denk ich oft, die Leut haben völlig verlernt, nett und höflich miteinander umzugehen. Alle tragen ein Gesicht wie drei Tage Regenwetter vor sich her. Und haben ihre Ellenbogen ausgefahren. Wenn sie in Kontakt treten am Schalter, an der Kasse, an der Theke: Dann sind sie muffig und grantig. Oder bestenfalls neutral geschäftsmäßig. Und immer auf der Hut. Die Leut, die da mal lächeln und ein nettes Wort sagen, die kannst mit der Lupe suchen. Die meisten haben keine Zeit oder keine Lust und denken auch gar nicht darüber nach. Die sind in Alltagstrance – bloß immer durch und weiter, gelächelt wird wieder daheim und am Feierabend. Und weißt, was das bewirkt? Der andere, der fühlt sich nicht akzeptiert. Der denkt: Ich sitz hier und mach diese Drecksarbeit und dafür muss ich mich noch angranteln lassen. Oder: Jetzt kauf ich schon ein für teures Geld und die schaut noch nicht mal von der Kasse auf. Und so geht das hin und her. Jeder sucht beim anderen den Fehler und erwartet gar nicht, dass der nett sein kann.

Viele trauen sich heute gar nicht erst zu lächeln, denn damit gehen sie ja raus aus ihrer Deckung. Wenn der andere dann nicht zurücklächelt, bin ich aber aufgeschmissen! Dann hab ich ja etwas gegeben, ohne etwas dafür zu bekommen. Glaubst du das auch? Ich nicht, ich halt das für einen rechten Schmarrn. Du brauchst gar nicht mit einer Revanche rechnen – das ist nicht der Sinn der Übung. Freu dich einfach daran, dass du dich anders verhältst als die anderen. Und dass du die Welt damit ein Stück besser, freundlicher und heller machst. Das alles schaffst du nämlich mit so einem Lächeln. Ist doch super, oder? Ich sag dir, das schmeckt süß wie Linzer Torte! Und wenn der andere dann sogar zurücklächelt: Dann freust dich noch ein Stückchen mehr. Das ist dann das Schlagobers auf der Torte.

GIB JEMANDEM RECHT UND ER KANN NICHT BÖSE SEIN

Das, was der Check-in-Charmeur da am Flughafen gemacht hat, das ist mir auch schon in Fleisch und Blut übergegangen. Einmal war ich in der Schweiz unterwegs zu einem Seminar. Und wurde auf der Autobahn angehalten. Ohne Vignette. Normalerweise wär da ein ordentliches Strafmandat fällig gewesen. Weißt, was ich gemacht hab? Ich hab den Polizisten angestrahlt und ganz offen zugegeben, dass ich mich verfahren hab auf dem Weg zum Seminarort. Und als er die Vignette reklamiert hat, hab ich ihm recht gegeben. Und ihn gefragt, wo ich die denn eigentlich bekommen kann. Der hat ganz freundlich reagiert, weil ich seine Kompetenz akzeptiert und nicht dagegengeredet hab. Ich sag dir, wenn du jemandem recht gibst, kann der nicht mehr böse sein! Und dann sind wir richtig ins Plaudern gekommen. Ich hab ihm erzählt, dass ich vom Langlaufen komm. Das macht er auch gern und so hat er mir von seiner letzten Tour berichtet. Dann hat er mir erzählt, wo er wohnt, in Weggis. Und ich hab gefragt, ob es da schön ist, wo er doch so einen harten Job hat.
Merkst was? Wir haben uns auf der Beziehungsebene richtig gut verstanden, da wurde es schwer für ihn, mich hart zu bestrafen. Er hat mich dann zur nächsten Raststätte begleitet, wo ich eine Vignette kaufen konnte. Und von Strafe war dann überhaupt keine Rede mehr! Für diese Form der Kommunikation, die ich dem Polizisten gegenüber praktiziert hab, ist mir ein Begriff eingefallen: Ich nenn das „Wortspende"! Super, oder? Du spendierst damit wirklich was: nämlich

Freundlichkeit, Offenheit, Interesse. Ich sag dir was: Mit diesen Zutaten kannst gar nicht spendabel genug sein! Das sind Spenden, die immer super ankommen und richtig was bewirken!

SPRICH AN, WAS DEM ANDEREN WICHTIG IST

Wortspenden bringen dich super in Kontakt mit Menschen. Damit kannst in Sekundenschnelle eine Beziehung aufbauen. Und ich sag dir, dann kommt auch schnell was zurück. Selbst wenn die nicht gleich zurücklächeln: Irgendwas verändert sich immer, die frostige Atmosphäre beginnt ein bisserl zu schmelzen. Wenn du in die Gefühle der anderen investierst, nehmen die dich positiv wahr und spiegeln dir das zurück. Mit einem anderen Blick, einer veränderten Körpersprache, einer weicheren Stimme – achte einfach mal drauf!

Wortspenden kannst du überall und bei jedem loswerden: im Büro, beim Bäcker, beim Sporteln, an der Ampel. Probier es einfach aus. Sag was Nettes, mach ein Kompliment, das ist ganz einfach. Nur ehrlich muss es sein. Es hat keinen Sinn, dass du von den schönen blauen Augen schwärmst und dein Gegenüber hat grüne. Es muss schon passen. Das, was du sagst, berührt den anderen emotional, wenn es wichtig für ihn ist.

Was für den anderen wichtig ist, bekommst du ganz leicht raus! Da steckt kein Geheimnis dahinter. Wenn du gut zuhörst, genau hinschaust und gezielte Fragen stellst, ergibt sich das wie von selber. Was hat der andere für eine Uhr, was für eine Tasche, was trägt er für eine Kleidung, was beschäftigt ihn, wovon spricht er gerade? Wenn du darauf aufmerksam eingehst, hast du schon einen Einstieg ins Gespräch: „Das ist ja eine superschicke Uhr, die Sie da tragen, die hab ich ja noch nie gesehen.“ Und was meinst, wie sehr der andere sich darüber freut. Denn der hat ja selber Megafreude an seiner Uhr. Und wie gern der erzählt, wo er die Uhr herhat.

Und so geht’s mit allen Themen:

- Ich bin in Ihrem Facebook-Profil hängen geblieben, Ihre Musiksammlung hat mich sofort angesprochen.
- Dir fällt in allen Situationen immer noch etwas Positives ein, ich mag das, das wollt ich dir immer schon sagen.
- An der Kasse: Sie sind immer so gut drauf, obwohl Sie so viel arbeiten!
- Bei Arbeitskollegen: Die Präsentation gestern, die hast du richtig super gemacht.
- Zu einem Älteren: Ich kann viel bei Ihnen abschauen, vor allem Ihre Art, auf andere zuzugehen.

Nimm einfach immer ganz locker etwas auf, was du positiv am anderen wahrnimmst, und mach ein kleines Kompliment draus. Der Rest ergibt sich dann von selber.

MACH DICH FREI VON VORURTEILEN

Und was ist, wenn der andere ein totaler Unsympath ist? Um den du am liebsten einen weiten Bogen machen würdest? Sind da Wortspenden nicht vergeudete Mühe? Ich finde: Nein, im Gegenteil! Grad da ist es wichtig, dass du irgendeinen Zugang findest. Denn du kannst diesen Menschen auf dieser Welt nun mal nicht entgehen. Klar, du musst nicht mit jedem können. Aber viele Menschen kreuzen nun mal deinen Weg, ob du es willst oder nicht: bei der Arbeit, beim Einkaufen, manchmal in der Familie. Lass die schlechten Gedanken einfach mal weg und schau nach etwas Positivem. Das hat nämlich jeder Mensch, du musst es nur sehen. Mach dich frei von Vorurteilen und sprich an, was du dann wahrnimmst: die angenehme Stimme, den Fleiß, die offene Art, die superhochwertigen Schuhe. Ich sag dir: A bisserl was geht immer. So wird das Leben leichter. Auch deins. Du schüttest bei der Wortspende gute Hormone aus. Schon bei einem guten Gedanken wird dir wohler, aber richtig glücklich macht es dich erst, wenn du ihn aussprichst.

MERKZETTEL

- Wortspenden funktionieren nur, wenn sie emotional berühren.
- Ein Kompliment soll den Kern treffen, es muss den Menschen erfassen.
- Wenn du selber Lob bekommen willst, dann investiere erst in die Komplimente für andere.
- Das gute Gefühl, das du verteilst, kommt doppelt und dreifach zurück.
- Verbinde deine Wortspende nicht mit einer Erwartung gegenüber anderen.
- Gönne deine Wortspenden auch Menschen, die dir unsympathisch sind.

14 SCHAFF DIR EINEN HUND AN

Ich hab einen Nachbarn, den seh ich manchmal feierabends kochend vor Wut heimkommen. Du siehst ihm an, dass er auf 180 ist. Vielleicht hat seine Kollegin heute mal wieder einen superwichtigen Kunden vergrault. Oder sein Outlook-Postfach platzt aus allen Nähten und sein Chef hat ihm trotzdem ein Riesenprojekt auf den Schreibtisch geknallt. Was einem halt so die Laune verdirbt tagsüber.

Aber weißt, was passiert, wenn er die Haustür aufsperrt? Da springt ihm schwanzwedelnd ein haariges Hundepackerl entgegen und schleckt ihn freudestrahlend ab. Du kannst richtig sehen, wie die sich gegenseitig den ganzen Tag lang vermisst haben!

Und schlagartig hat der Mann wieder Energie! Bei der überschwänglichen Begrüßung hat er die Probleme, die sich auf seinem Schreibtisch stapeln, augenblicklich vergessen. Und allein von dem kurzen Kuscheln mit dem springlebendigen Fellknäuel vor seinen Füßen ist er superentspannt. Die Welt ist doch gut. Und Wetter hin oder her – der geht jetzt mit seinem Hund spazieren. Vorher wuschelt er ihm noch durchs Fell und sagt zu ihm: „Sorry, dass ich dich den ganzen Tag allein gelassen hab.“ Und als Reaktion bekommt er ein treues Kopfneigen, weil der Hund ihn auch ohne Worte versteht. „Na, dann lass uns mal losgehen. So a bisserl Schnürlregen kann uns den Spaß nicht verderben!“ Nachdem er dann ausgelassen mit seinem kleinen Kumpel durch den Regen getobt ist, haut er sich auf die Couch und legt erst mal die Beine hoch. Aber dann kommt der Gedanke an den Arbeitstag wieder hoch. Er seufzt und vergräbt das Gesicht in seine Handflächen. Und weißt, wer in so einem Moment sofort mit einem Satz neben ihm auf dem Sofa ist und tröstend den Kopf auf sein Bein legt? Klar, sein Hund. Dass mein Nachbar keine Lust hat, über den blöden Tag zu reden, nimmt sein haariger Freund ohne mit der Wimper zu zucken hin. Und genießt es, zwischen den Ohren gekrault zu werden. Und so geht der Tag für beide ganz entspannt zu Ende.

DAHEIM – DA SOLL'S DICH FREUEN!

Ich seh meinen Nachbarn immer gern mit seinem Hund und denk mir: Es gibt viele Leut, denen so ein Partner fehlt. Die freuen sich bei dem Gedanken an den Feierabend gar nicht. Entweder wartet daheim keiner auf sie oder nur jemand, der vor sich hin schmollt, anstatt sich zu freuen. Ich find das brutal schade! Du solltest dich jeden Tag auf dein Zuhause freuen können und auf die- oder denjenigen, der dort auf dich wartet.

Dafür musst dir nicht gleich einen Hund anschaffen. Aber du kannst von den treuen Vierbeinern lernen, wie du besser mit Menschen umgehst. Denn durch dein eigenes Verhalten ziehst du alle in deinem Umfeld gleich mit!

Ich mein damit nicht, dass du am Bein deines Partners hochspringen sollst, wenn er heimkommt. So wörtlich brauchst mich nicht nehmen. Aber die alltägliche Begrüßung ist wirklich superwichtig. Gerade zwischen Partnern. Zeig, dass du dich unglaublich freust, wenn die Tür aufgeht. Steh auf und bleib nicht auf dem Sofa hocken, um ein freudloses „Hallo!" durchs Wohnzimmer zu murmeln. Umarm deinen Lieblingsmenschen und zeig ihm, wie sehr du ihn vermisst hast. Und in der Mittagspause kannst ihn auch einfach mal anrufen und sagen: „Du, ich freu mich schon auf dich!"

Ich sag dir, auch im Geschäftsleben ist eine gescheite Begrüßung das A und O. Sie bestimmt locker 50 Prozent der Begegnung. Wenn ein Gespräch schon losgeht wie eine Beerdigung, dann kann nix dabei herauskommen. Stell dir bei einer Begrüßung immer mal vor, wie sehr Hunde sich freuen bei einer solchen Gelegenheit. Und versuch, ein Stück dieser Emotion in deinen Blick, deine Körpersprache und deine Worte zu legen. Zeig deinem Gegenüber, dass es dich richtig freut, ihn zu treffen. Begegne ihm loyal, herzlich und freundlich. Was meinst du, wie froh und offen der darauf reagieren wird. Ich sag dir, das ist der ultimative Türöffner!

Aber es gibt noch mehr Dinge, die du dir von einem Hund abschauen kannst: Sei nachsichtig, wenn ein Freund mal keine Zeit für dich hat oder ein Kollege Mist baut. Ja mei, das passiert halt mal! Weißt was? Ein Hund ist auch nicht nachtragend, wenn du ihn tagsüber für ein paar Stunden daheim warten lässt. Der freut sich trotzdem, wenn du heimkommst. Und versuch mal, wie ein Hund ein Gespür dafür zu haben, wann deine Schulter gebraucht wird. Und sei da und akzeptiere, wenn dein Gegenüber auch mal nicht reden möchte. Sondern nur seine Ruhe oder eine Berührung oder schlicht deine Gegenwart will.

Hunde können das alles und sind für die kleinsten Dinge im Leben dankbar. Versuch einfach mal, dir ein bisserl von dieser Bescheidenheit und Zufriedenheit abzuschauen: Dann kommst entspannt durch die Welt und mit jedem zurecht. Oder kennst du jemand, der seinem Hund ernsthaft böse sein kann?

MERKZETTEL

- Steh auf und geh deinem Partner entgegen, wenn er heimkommt.
- Begrüß andere wie ein Hund: Zeig deinem Gegenüber, dass es dich richtig freut, ihn zu treffen.
- Sei für die kleinen Dinge im Leben dankbar und zufrieden.
- Motiviere deine Mitmenschen, mit dir spazieren zu gehen! Bei jedem Wetter.
- Spür, wenn es deinem Partner nicht gut geht. Sei da und akzeptiere, wenn er schweigen will.
- Schau dir ein Stück von der Bescheidenheit und Zufriedenheit der Hunde ab.

15 WENN DIE SONNE NICHT SCHEINT: STRAHLE VON INNEN!

Ich war vor einiger Zeit in Porto und bin beim Wings for Life World Run mitgelaufen. Ich dachte mir, im Mai scheint doch bestimmt die Sonne über Portugal. Falsch gedacht! Es hat eine Woche durchgeregnet. Bis zum letzten Tag.

Jetzt frag ich dich: Wie würdest du damit umgehen? Wär das für dich eine Vollkatastrophe? Knallst du dich auch am liebsten sieben Tage auf Mallorca an den Strand? Und weißt bei Schlechtwetter gar nicht, was du mit dir anfangen sollst?

Ich hab einen Freund, der im Urlaub schon bei Schnürlregen angefressen ist, seine Stimmung sinkt dann schnell in den Keller. Da geht das Jammern schon los, bevor er den Flughafen überhaupt verlassen hat. Später schlurft er geknickt durchs Hotel und ärgert sich. Und wer ist schuld, dass er schlechte Laune hat? Natürlich das Wetter!

Ich find das echt verrückt. Und meinst du, dass die Wolken sich durch sein Jammern verziehen? Nein, natürlich nicht. So ein Jammern ist völlig sinnlos – und so was von out! Ich rat dir, wenn du schlecht drauf bist, dann schieb das nicht aufs Wetter. Es ist deine innere Einstellung, die deine Laune gut oder mies macht. Nicht das Wetter draußen. Du allein entscheidest, wie du mit dem Regen umgehst. Und niemand sonst.

MACH WAS DRAUS!

Dein Strahlen sollte nicht vom Wetter abhängen. Es kommt schließlich von innen – das Wetter ist aber draußen! Jeden Tag mit einem Lächeln von innen heraus zu starten – ob im Alltag oder im Urlaub – , das ist einfach toll! Es tut richtig gut, spitze drauf zu sein. Das toppt jedes Wetter. Grantel nicht über Dinge, die du nicht in der Hand hast. Das Leben kann so viel Freude machen, wenn du ihm die Chance dazu gibst! Auch im Regen.

Weißt, was echt cool ist? An einem Regentag breit strahlend durch die Straßen zu spazieren. Das macht dich zwischen all den Menschen, die ein grausliches Gesicht ziehen, superattraktiv! Und anstatt über die dunklen Wolken zu fluchen, sagst dir: „Hey, Supertag heut. Was kann ich alles daraus machen?"

Und da sind wirklich so unendlich viele Möglichkeiten! Sei flexibel und mach deinen Kopf auf! Bei schlechtem Wetter kannst deinem Körper endlich genug Schlaf geben oder mal wieder ein gutes Buch lesen. Du kannst auch einen ausgiebigen Shopping-Marathon einlegen. Die Dinge machen, für die du sonst keine Zeit hast.

Ich find die sonnigen Wochenenden viel stressiger als zwei Tage Regenwetter! Wenn die Sonne scheint, willst doch am liebsten alles gleichzeitig machen: sporteln, an den See fahren, mit Freunden in den Biergarten gehen. Das stresst doch richtig, oder? Bei Regen, da kannst ganz entspannt die Füße hochlegen und gemütlich von drinnen zuschauen, wie die Tropfen auf deine Terrasse prasseln.

Aus jedem Wetter das Beste machen, das ist die Kunst! Und natürlich kannst dich auch bei strömendem Regen bewegen, du bist ja nicht aus Zucker: Beim Kajakfahren ist's eh wurscht, im Regen zu joggen ist ein großartiges Erlebnis, vom Schwimmen im Regen ganz zu schweigen. Nur am Strand zu liegen ist mal nicht drin. Na und? Auch ich mag die faulen Tage am Meer, aber wenn das mal nicht ist, dann ist's nicht. Da kannst auch nix machen. Ein Tag mehr oder weniger am Strand verändert nicht dein Leben. Ein Spaziergang schüttet mehr Glückshormone aus, als wenn du stundenlang in der Sonne brutzelst. Was verpasst du da schon? Einen Sonnenbrand und drei Eis am Stiel? An Schlechtwettertagen erlebst Sachen, die du in acht Stunden am Strand nie erleben würdest! Vielleicht triffst du im Pub oder im Kaf-

feehaus Menschen, die deinen Horizont erweitern. Solche Gespräche sind es, die du mit nach Hause nimmst. Deine Bräune, die ist spätestens nach einer Woche eh wieder futsch.
Und lass dich nicht vom 14-Tage-Wettertrend stressen. Mich machen diese Vorhersagen nur verrückt. Da siehst dann morgens 17 Grad und nachmittags 19 Grad, planst eine Radtour und am Ende regnet's doch. Den Ärger kannst dir sparen. Geh am Morgen einfach raus auf den Balkon und schau in den Himmel. Das ist besser als jeder Wetterbericht!
Genieß deinen Urlaub auch am allerletzten Tag und dann freu dich auf daheim! Und auf deine Arbeit. Wenn du die nächsten Monate wieder nur auf deinen Urlaub hinarbeitest, dann stimmt was nicht. Dann läuft grundsätzlich was falsch. Auch im Alltag gibt es genug Gründe, von innen heraus zu strahlen. Egal ob es Freitag ist oder Montag. Du musst sie nur wahrnehmen. Das kann die nette Kollegin sein, mit der du gut klarkommst. Oder dass ihr ein Superteam seid und zusammen richtig gute Projekte auf die Beine stellt. Oder dein Garten, deine Kartenabende. Auf irgendwas kannst du dich immer freuen. Da musst nicht erst wieder ein halbes Jahr warten.
Was meinst du, wie ich die fünf Tage Regenwetter in Porto verbracht hab? Schmollend im Hotel? Schmarrn! Das war einer der erholsamsten Urlaube, die ich je gemacht hab. Ich hab umgeschaltet und das Beste draus gemacht. Das war total entspannt. In der Woche konnte ich so viel Energie tanken wie noch nie! Dabei hab ich es mir so richtig gut gehen lassen und nicht einmal den Wecker gestellt. Drei Tage war ich im Wellnesscenter. Auch da hatte ich keine Uhr dabei. Das war herrlich! Ich hab trainiert, mir mehrere Massagen gegönnt und zum Abschluss war ich jeden Abend wunderbar essen. Und das Beste: nicht allein, sondern mit meinem Lieblingsmenschen.
Egal ob die Sonne scheint oder es in Strömen regnet: Mach das Beste draus und strahle von innen!

Merkzettel

- Wenn du schlecht drauf bist, schieb das nicht aufs Wetter.
- Ärger dich nicht über Dinge, die du nicht in der Hand hast.
- Geh strahlend im Regen spazieren.
- Mach deinen Kopf auf für die vielen Möglichkeiten.
- Mach aus jedem Wetter das Beste.
- Schau nicht auf den Wettertrend.
- Lass dich im Urlaub auch mal gehen.
- Freu dich auf zu Hause.
- Denk am Sonntag nicht an Montag.
- Nimm Energie aus dem Urlaub mit.
- Mach die Dinge bei Schlechtwetter, wofür du sonst keine Zeit hast.

16 FINDE SPAẞ AM SCHEITERN

Ich war früher extrem schüchtern. Wenn ich wusste, dass ich in der Schule raus an die Tafel muss, bin ich hochrot und nervös geworden. Und prompt habe ich da vorne nur rumgestottert. Mir war schon die Vorstellung dieses Scheiterns superpeinlich.

Ganz egal ob im Job, im Sport oder im Bett, überall da, wo es um Leistung gehen könnte, lauert immer auch das Scheitern. Wenn du scheiterst, genügst du weder deinen eigenen Ansprüchen noch denen der anderen – dafür schämst dich dann. Denn Scheitern wird allgemein gleichgesetzt mit verlieren.

Doch ich sag dir. Das ist komplett falsch.

Wenn du so denkst, verbaust du dir nur deine Chancen auf Weiterentwicklung. Scheitern ist nichts Schlimmes! Es ist sogar notwendig dafür, dass du vorankommst. Weil im Scheitern eine Kraft steckt, die dir hilft, supererfolgreich zu werden.

SO MACHT SCHEITERN SPAẞ

Spaß am Scheitern finden klingt auf den ersten Blick total schräg, findst nicht? Das klingt, wie wenn der Roger Federer seinen Matchball gegen den Rafael Nadal versehentlich ins Aus donnert und dann trotzdem jubelnd die Becker-Faust ballt. Da würde der Nadal garantiert verdutzt gucken, klar. Und ich auch.

Natürlich freut sich der Federer nicht über seine Fehler. Aber, da bin ich tausendprozentig sicher, er schämt sich auch nicht dafür, dass er mal einen Ball ins Aus schlägt. Und das, obwohl nicht wie bei mir in der Fußgängerzone nur zehn Leute drum herum stehen, sondern Zehntausende in der Arena sitzen und zehn Millionen vor dem Fernseher. Und warum kann der das so locker sehen? Weil er nicht für seine Fans spielt oder die Zuschauer, sondern für sich!

Ich rat dir, mach dir bei allem klar, für wen du es tust. Machst du es für dich? Wenn du es machst, um jemand zu beeindrucken, und scheiterst, da ist es schon verständlich, dass du dich ein bisserl schämst. Wenn du allen im Schwimmbad mit deinem Kopfsprung vom Zehnmeterbrett zeigen willst, was für ein toller Hecht du bist, und dann kommt nur eine schmerzhafte Arschbombe dabei raus: Ja klar, da wünschst du dir im Wasser, dass dir Kiemen wachsen, damit du nicht mehr auftauchen musst. Aber wenn du nur für dich springst, weil du Spaß dran hast, dann ist es ganz gleich, wie es aussieht. Dann zählt nur, dass du gesprungen bist. Der Weg ist das Ziel, wie man so schön sagt. Wenn es nur um deinen Spaß an der Sache geht, ist Leistung egal. Dann kannst eigentlich gar nicht scheitern. Sondern ganz ohne Druck tun, was du tust. Und wenn es danebengeht – who cares?

Selbst wenn du ein konkretes Vorhaben umsetzen willst und nicht nur deinen Spaß im Auge hast, ist Scheitern nicht schlimm. Scheitern gehört mit Blick auf ein Ziel dazu. Lass dich nicht von deinem Weg abbringen, nur weil du einmal scheiterst. Wenn du einen Freund für deine neue Geschäftsidee gewinnen willst und der sagt: „Oh Gott, was für ein Schmarrn!“, dann ist das kein Grund, den Kopf hängen zu lassen. Da gehst halt zu einem anderen und pitchst dem auch deine Idee – und der ist dann vielleicht ganz begeistert und macht mit. Erfolg und Scheitern ist ganz oft nur eine Frage der Quote. Wenn du etwas richtig oft machst, sagen wir hundertmal. Und 90-mal geht's daneben, so richtig in die Hose. Wie viele Versuche hast du dann gehabt, bei denen es geklappt hat? Genau: Zehn! Ist das nix? Doch, ich find, das ist sehr wohl was!

Konzentrier dich immer auf das, was super klappt, dann behältst deinen Spaß an der Sache. Wenn du ständig das Negative suchst, nährst du damit nur deine Selbstzweifel. Das muss gar nicht sein. Sag nicht: Ich kann noch nicht perfekt Chinesisch, weil ich mich bei politischen Debatten immer verzettel. Sondern sag, ich kann „Guten Tag“ und „Guten Abend“, alle Obstsorten und die Zutatenlisten aller chinesischen Pfannengerichte perfekt aussprechen. Damit verhungerst du

schon mal nicht mehr in China. Ich sag dir was: Das ist viel wichtiger, als politische Reden zu schwingen.
Komplett scheitern – was soll das denn überhaupt heißen? Nimm einen Aufschlag beim Tennis. Selbst wenn du den neben die Linie haust, ein paar Sachen hast du immer richtig gemacht. Und die kannst der Reihe nach durchgehen: Hab ich beim Abwurf richtig gestanden? Ja! Hab ich den Ball im richtigen Winkel abgeworfen? Sicher! Hab ich das Handgelenk gerade gehalten? Nein, ich hab es abgeknickt – und da ging der Schlag daneben. Du siehst, in der Summe hast du viel mehr richtig gemacht als falsch. Und wenn du das so durchgehst, hast du auch ruckzuck die Ursache des Scheiterns gefunden. Und kannst es beim nächsten Mal besser machen.
Bevor du wirklich erfolgreich sein kannst, musst du erst einmal richtig gescheitert sein. Nimm zum Beispiel Nelson Mandela. Der kämpfte 50 Jahre lang als Anwalt für die Gleichberechtigung in Südafrika. Als junger Jura-Student wurde er verhaftet, als junger Anwalt mit Hausarrest belegt. Hat er damals etwas bewegt? Nein. Hat er sich davon unterkriegen lassen? Nein! Anfang der 1960-er Jahre wurde er verhaftet und zu lebenslanger Haft verurteilt. Als er 1990 nach 30 Jahren entlassen wurde, was hat er gemacht? Hat er Rache geübt? Hat er den verlorenen Jahren nachgejammert? Nein, er ist friedlich aktiv geworden, hat die Menschen mitgerissen und das Land geeint. Und damit das Ende der Apartheid besiegelt, gegen die er sein Leben lang gekämpft hatte.
Nur wenn du scheiterst, hast du deine Limits erreicht und versucht über dich hinauszugehen. Mandela ist immer wieder gescheitert und hat das jedes Mal als Chance wahrgenommen, über sich hinauszuwachsen, indem er nach den Ursachen gesucht hat. Als er schließlich freikam, war er durch sein Scheitern umsichtig genug geworden, um das Richtige tun zu können.
Wenn du scheiterst, hast du also alles richtig gemacht. Scheitern bringt dich erst wirklich voran in dem, was du tust. Und wenn du dir vor Augen führst, dass Scheitern dir etwas gibt, dann kannst du dich

auch freuen, wenn du das nächste Mal scheiterst. Du musst nur einmal mehr aufstehen als hinfallen.

MERKZETTEL

- Scheitern bringt dich an dein Limit.
- Wenn du Spaß hast dabei, kann auch Scheitern lustig sein.
- Lass dich nicht beim ersten Fehlversuch von deinem Ziel abbringen.
- Erst im Scheitern lernst du wirklich etwas fürs Leben.
- Du scheiterst nie zu 100 Prozent.
- Erfolg ist auch eine Frage der Quote: Probier es einfach noch mal.
- Konzentrier dich auf das, was geklappt hat.
- Du musst nur einmal mehr aufstehen als hinfallen.

17 MACH GEDANKENYOGA

Was du tun kannst, wenn du körperlich gut drauf sein willst, das weißt eh: Da helfen Bewegung und gutes Essen. Aber weißt du auch, was du für deine mentale Fitness tun kannst? Ich sag dir was: Deine gute Stimmung, die fängt im Kopf an! Denk mal an etwas, was dir völlig danebengegangen ist. Zum Beispiel eine vergeigte Schulaufgabe, ein erstes Date oder ein wichtiges Meeting. Da musst schon schwer schlucken, oder? Und jetzt erinner dich mal an deine letzte romantische Sommernacht. Ich geh jede Wette ein, die zaubert dir fast automatisch ein Lächeln auf dein Gesicht! Die Frage, wobei du dich besser fühlst, die stellt sich gar nicht. Schöne Bilder im Kopf machen glücklich. Und weißt was? Das kannst du super für dich nutzen!

DEINE SCHÖNEN ERLEBNISSE VERSTAUBEN

Ich mach immer wieder die Erfahrung, dass die Leut, die ich so treff, sich extrem ausgiebig mit ihren Problemen beschäftigen. Wieso war der Bus heute Morgen wieder zu spät? Hoffentlich ist der dauerschlechtgelaunte Chef heute außer Haus. Freitag ist dieser leidige Termin für meine Wurzelbehandlung. 60.000 Gedanken hast du ungefähr am Tag! Wenn du davon zwei Drittel mit schlechten verbringst: Das ist doch superschad, oder? Was da für wertvolle Lebenszeit draufgeht! Für nix. Je öfter du deine Probleme hin- und herwälzt, desto größer werden sie. Und nicht etwa kleiner! Als Zugabe kriegst noch hässliche Sorgenfalten auf die Stirn. Ganz schön blöd, sag ich dir!
Dabei besteht dein Leben doch nicht nur aus sorgenvollen Momenten. Denkst noch an das schöne Konzert vorgestern? Oder an das spontane Kickerl letztens, als ihr euch vor lauter Gaudi nicht mehr eingekriegt habt? Die Bilder dieser schönen Erlebnisse schmoren in der hintersten Ecke deines Gehirns und du schaust sie nicht mal mehr

mit dem Hintern an. Auf deinem Handy hast du wahrscheinlich noch tonnenweise Fotos von deinen Supererlebnissen. Aber da bringen sie dir erst mal gar nix, denn sie sind aus dem Blick gerückt. Und wenn stattdessen der Nachbarschaftsstreit und das schlechte Wetter ganz oben auf der Agenda stehen, brauchst dich nicht zu wundern, wenn du zerknittert ausschaust.

FILM AB

Besser, du drehst den Spieß um! Pack den unfreundlichen Nachbarn in die hinterste Ecke. Widme ihm nur so viel Zeit wie nötig. Und hol dir stattdessen die schönen Seiten des Lebens nach vorn.
Bei so was bin ich ein großer Freund von selektiver Ignoranz: Alles, was nicht wichtig ist und nicht sein muss, blende ich aus. Dann habe ich viel mehr Zeit für das, was wirklich wesentlich ist.

Ich nenn das Gedankenyoga. Denn nach dem Yoga geht's den Leuten immer richtig gut. Sie sind entspannt und gut drauf. Und genau das erreichst du auch, wenn du deine Gedanken trainierst. Ich sag dir, die Übung ist kinderleicht: Hol dir einfach schöne Vorstellungen in den Kopf!
Leg dir einen Vorrat an Lebenssituationen an, die dich begeistert haben. Wenn es dir so richtig gut geht, dann kneif dich ruhig mal und mach es dir bewusst. Du musst gar nix weiter tun, der Körper erinnert sich an solche Premiummomente automatisch. Und wenn du dann noch ein paar Bilder in der Situation mit deiner Handykamera machst, hast du auch gleich einen Erinnerungsanker gespeichert, auf den du immer zugreifen kannst.
Wenn du morgens deine erste Tasse guten Kaffee trinkst, dann schaust dir die Bilder an. Merkst du, wie du beim Anschauen nicht beim Bild hängen bleibst? Plötzlich beginnt ein Film in deinem Kopf. Geräusche

oder Gerüche kommen dazu. Du kannst förmlich spüren, wie geil das damals war, oder? Und dabei wirst du nebenbei superlocker.
Steigst du mit diesem tollen Gefühl in die U-Bahn ein, kann dein Sitznachbar dich ruhig von der Seite anmachen. Das kann dich jetzt nicht mehr aus der Bahn werfen. Das steckst du locker weg.
Und weil's so schön war, machst du das am besten gleich noch mal. Abends vor dem Schlafengehen. Vielleicht denkst du dieses Mal nicht zurück, sondern freust dich schon auf die Skitour, die vor dir liegt. Du lässt die schneebedeckten Gipfel vor deinem inneren Auge auftauchen. Die Sonne spiegelt sich im Schnee. Du spürst den Fahrtwind beim Heruntergleiten und wie der kalte Schnee dir ins warme Gesicht spritzt. Hammer! Licht aus. Dann kannst rundum glücklich einschlafen, oder?
Am Anfang hilft es, wenn du dir für deinen persönlichen Stimmungsfilm einen ruhigen Ort suchst. Später, wenn du schon Übung im Gedankenyoga hast, kannst du das überall machen. Dann brauchst du die Bilder in deinem Handy wahrscheinlich auch nicht mehr, sondern kannst dich gleich aus deinem Kopf bedienen.
Vielleicht denkst jetzt, mit Bildern kann ich nix anfangen. Bei mir geht das nur mit Musik. Auch gut! Vielleicht gibt es da dieses eine Lied, das du zusammen mit deinen Spezln immer beim Feiern gehört hast. Oder das Chanson, mit dem du dich auf deine jährliche Tour in die Toskana einstimmst. Alles, was dich in eine gute Stimmung bringt, ist genau richtig.
Noch besser ist es, wenn du diese Stimmung mit jemandem teilen kannst. Sag deiner Freundin, dass du gerade an sie und den gemeinsamen Strandurlaub vom letzten Sommer denkst. Wenn sie das nächste Mal auf einen Gedankenausflug geht, wird sie dir vielleicht auch eine Nachricht schicken. So multipliziert ihr beide eure positiven Gedanken! Das ist Entspannung im Quadrat!
Und weißt was? Wenn du dir deinen eigenen Superfilm machst und ihn immer wieder vor Augen hast, dann passiert noch etwas Großartiges: Du kommst so auch deinen persönlichen Zielen im realen

Leben näher. Indem du dir die schönen Situationen bewusst machst, die du erlebt hast und noch erleben wirst, wirst du innerlich gelassen. Und gewinnst die Kraft und Energie, die du brauchst, um dich auf den Weg zu machen. So fällt dir nicht nur alles leichter im Leben. Weil du locker und entspannt bist, fällt dir auch viel öfter das richtige zur rechten Zeit ein.

MERKZETTEL

- Schieb die schlechten Gedanken zur Seite und mach Platz für die guten.
- Wenn du was Schönes erlebst, kneif dich mal und mach es dir bewusst.
- Speichere die schönen Situationen in deinem Leben ab.
- Entspann dich mit ein paar Gedanken an deine Premiummomente.
- Mach Gedankenyoga und hol dir die schönen Dinge deines Lebens in den Kopf.
- Ruf dir morgens bei der ersten Tasse Kaffee ein schönes Erlebnis in Erinnerung.
- Freu dich vor dem Einschlafen auf die Radtour mit deinen Freunden in zwei Wochen.
- Schau dir auf deinem Handy an, wie ihr gemeinsam den Heimsieg gefeiert habt.
- Hör bewusst das Lied aus dem letzten Urlaub.
- Schreib deiner Freundin oder deinem Freund, dass du gerade an sie/ihn denkst.

18 MACH DIR KEINEN DRUCK

Ich muss, ich muss, ich muss. Hast mal drauf geachtet, wie oft du das Wort „müssen“ am Tag gebrauchst? Glaub mir, du wirst dich wundern! Und weißt du auch, was du damit tust? Du setzt dich unter Druck. Mal bewusst, aber hauptsächlich unbewusst. Und was heißt das? Ich sag's dir: Dabei werden unendlich viele ungesunde Stresshormone ausgeschüttet. Besonders blöd daran ist: Du merkst gar nicht, dass du in so einen Druckstrudel geraten bist.

Unter solchem Stress bringen dich schon Kleinigkeiten auf die Palme. Zum Beispiel der blöde Spruch vom Kollegen oder der Döskopp, der dir die Parklücke vor der Nase wegschnappt. Und was machst du so gegen den Stress? Nix! Du frisst ihn in dich hinein. Versuchst, ihn mit Kaffee, Zigaretten oder Süßigkeiten irgendwie zu überstehen. Aber weißt was? Helfen tut das nicht!

DRUCK ERZEUGT GEGENDRUCK

„Das muss sein.“ Ja super! Dann ist ja alles klar, oder? Noch Fragen? So denken die meisten Leut. Dabei ist das ein Schmarrn. Denn mit so einem Druckknoten im Magen wird alles erst so richtig verdammt schwer. Kreativ sein kannst dann gar nicht mehr und es passieren immer mehr Fehler.

Und weißt, was besonders schlimm ist? Viele Vorgesetzte erhöhen in Stresssituationen häufig noch den Druck auf ihre Mitarbeiter. Sie geben die Probleme damit einfach weiter. Und dann geht der Mitarbeiter zurück in sein Büro, sitzt erst mal wie gelähmt auf seinem Stuhl und schaut, dass er seinen Puls wieder unter Kontrolle bekommt. Und vielleicht findet er dann ja einen Kollegen, an den er den Druck weitergeben kann. Oder an dem er seinen Frust ablassen kann. Ganz schön depperte Methode, oder?

Ich kenn das auch mit dem Druck. Mein damaliger Geschäftspartner wollte mich aus unserer gemeinsamen Firma raushaben. Er hat versucht, mich übers Ohr zu hauen. Ich hab das gemerkt und mir das Ganze eine Zeit lang angeschaut. Irgendwann wurde es mir zu blöd, da bin ich dann mit einer satten Abfindung gegangen. Klar hat mich die Situation innerlich unter Druck gesetzt. Eine schöne Zeit war das nicht. Aber ich sag dir, ich wollt auf keinen Fall jammern. Und so hab ich diese Phase meines Lebens schnell akzeptiert und einfach das Beste draus gemacht.

DURCHSCHNAUFEN

Ich rat dir, streich das Wort „müssen" komplett aus deinem Wortschatz. „Müssen" musst du nämlich gar nichts. Außer sterben irgendwann. Aber das hat noch sehr lange Zeit!
Wenn du merkst, dass du dich mit dem ständigen Müssen unter Zugzwang setzt, hast schon viel gewonnen! Da ist das Burn-out-Risiko wesentlich geringer. Denn nur wenn dir etwas bewusst ist, kannst du darauf auch reagieren. Versuch einfach, einen kühlen Kopf zu bewahren. Atme dreimal tief durch. So richtig schön in deinen Bauch. Ich nenn das auch „runteratmen". Ich sag dir, das tut echt gut! Im nächsten Schritt überlegst dir eine Strategie, wie du die Situation mit dem vielen Müssen am besten bewältigen kannst. Setz dich hin und

schreib eine To-do-Liste mit all den Muss-Dingen, die dich bedrängen. Anstatt alle Punkte auf einmal abzuarbeiten, schaust du dir die Liste an und überlegst dir die Reihenfolge: Was ist lebensnotwendig? Alles, was ein bisschen Zeit hat, schiebst nach hinten. So wird die Liste schon übersichtlicher. Wenn du dir deine Aufgaben strukturiert vor Augen führst, fällt schon viel Last weg. Und dann kannst du damit starten, die Punkte der Reihenfolge nach abzuarbeiten. Von einem Punkt zum nächsten. Dabei behalt immer im Hinterkopf: Ich lebe, ich bin gesund. Alles andere ist nicht so wild.

Und wenn du Stress mit einem Kollegen oder Mitarbeiter hast, stürme nicht gleich auf ihn los. Wenn du schon unter Hochdruck stehst, ist es nicht gut, das auf den Nächsten abzuladen. Schalt herunter! Wenn es drunter und drüber geht, ist Führungsqualität gefragt – egal ob du Chef bist oder nicht. Geh lösungsorientiert an die Sache: Situation akzeptieren, neue Chancen suchen. Das ist der Schlüssel. Komm entspannt ins Büro. Bring mal einen Obstkorb mit zur Arbeit und sag einfach: „Ich weiß, im Moment geht alles ein wenig durcheinander, aber ich habe mir das jetzt so und so vorgestellt." Das ist wie bei einer Fußballmannschaft, die abstiegsgefährdet ist oder besonders unter Erfolgsdruck steht: In schwierigen Situationen braucht die einen guten Trainer, der den Druck nicht einfach weitergibt, sondern rausnimmt und wieder alle auf das gemeinsame Ziel fokussiert. Oder einen Spieler, der das in die Hand nimmt und wieder Lockerheit in das Team bringt. Wie der Thomas Müller bei Bayern München: Der hat auch unter dem größten Stress noch einen lockeren Flachs parat und baut damit bei allen Druck ab.

Fokussiertes Arbeiten nimmt dir viel Stress. Check dein E-Mail-Postfach erst gar nicht, wenn du eh keine Zeit hast zu antworten. Das ist Zeitverschwendung. Du bist dann zwar innerlich schon mit der Information beschäftigt, aber darauf reagieren kannst du noch nicht. Das ist unnötiger Stress! Ich bin übrigens ein Fan davon, mir im Urlaub ab und zu zwei Stunden zu nehmen, um meine E-Mails durchzugehen. Dann sammelt sich nicht so viel an. Ansonsten kommst aus dem

Urlaub und wirst erst mal mit Hunderten von Nachrichten bombardiert. Dann ist dein Kopf schon wieder voll, bevor der Alltag überhaupt richtig losgeht.

Eine meiner persönlichen Stress-Präventionen ist: Ich tu etwas für mich! Und jetzt sag nicht: „Das würd ich ja auch gern, aber dafür hab ich keine Zeit." Das ist ein Schmarrn, wirst sehen! Probier es einfach: Starte gleich den Tag mit etwas, das dir guttut, bevor dir etwas anderes dazwischenkommen kann. Das kann alles sein: 20 Minuten Joggen, ein kurzes Workout, ein ausgiebiges Frühstück, eine kleine Meditation ...

Und weißt, was in stressigen Phasen besonders wichtig ist? Die Ernährung! Da eine stressige Woche wenig Freizeit bietet, kauf schon am Wochenende ordentlich ein, bereite Vitaminkicks wie Obstsalat und Smoothies vor und stell sie im Kühlschrank bereit. So kannst du deinen Körper auch an Stresstagen mit Energie versorgen!

Ich sag dir: Du kannst nicht kreativ sein, wenn du jammerst. Um stressfrei arbeiten zu können, habe ich deshalb meine „Nichtraunzerzonen". Da herrscht absolutes Raunz- und Jammerverbot! Je mehr du dir diese Räume schaffst, desto kreativer kannst du sein. So einen Ort kannst du im Büro und daheim erschaffen.

Coole Firmen haben Kreativzonen für ihre Mitarbeiter. Da steht ein Sofa oder ein Kickertisch. Andere sorgen mit frischen Smoothies, Energy-Bowls und Vitaldrinks für die nötigen Energiespritzen! Das ist viel effektiver als ein Kaffee aus dem Automaten. Auch Firmenküchen bieten ein Megapotenzial, die Mitarbeiter fitter zu machen. Wenn das Mittagessen vitaminreich gekocht wird, ist automatisch dafür gesorgt, dass 1.000 Leute das Richtige essen. Und ich sag dir, da passiert echt was! Das bringt die Mannschaft nach vorn! Ganz ohne Druck.

Wenn du weißt, dass du bis abends im Büro hängst, dann gehst halt mittags zum Sport oder wenigstens spazieren. Gönn dir diese Zeit, um Stress vorzubeugen. Es ist deine Zeit!

Meine Mitarbeiter sind manchmal mittags zwei Stunden weg und bleiben dafür abends länger. Ich muss das auch gar nicht wissen, solange ich mich darauf verlassen kann, dass die Arbeit erledigt wird. Unter der Voraussetzung unterstütze ich diese Flexibilität echt gern. Auch deshalb, weil ich weiß, dass jeder nach einer schönen Sporteinheit energetisiert zurück an die Arbeit geht! Bewegung gehört zum Leben wie der Friseurtermin oder ein Zahnarztbesuch. Du musst sie nur einplanen.

Gerade wenn du gestresst bist, mach Pausen! Ganz nach dem Motto: „Wenn du es eilig hast, geh langsam." Ich kenn einen Bauunternehmer, der hat bei mir ein Abnehmprogramm gemacht. Der meinte zu mir: „Zum Frühstücken kann ich mir schon Zeit nehmen. Beim Abendessen manchmal. Aber Mittagessen? Das schaff ich nur ganz selten. Und wenn, dann geh ich nur schnell, schnell in irgendeinen Imbiss, drück mir einen Burger rein und geh zurück an die Arbeit." Ich hab ihm dann ein paar Tipps fürs Frühstück gegeben. Das hat er auch brav durchgezogen. Mittlerweile hat er sechs Kilo runter. Neulich hab ich eine Nachricht von ihm bekommen: „Hey Toni, ich sitz hier seit einer halben Stunde im Park und mach Pause. Ich hab eine selber gemachte Jause im Tuppergeschirr mitgenommen: ein Roggenweckerl mit Gemüsesticks und Thunfisch-Aufstrich. Ich gönn mir diese Auszeit jetzt öfter. Ich bin viel entspannter."

Übrigens: Als mich mein Kumpel damals rausgeworfen hat, hab ich das im Kopf schnell abgehakt. Ich hab nach neuen Möglichkeiten gesucht und ein neues Projekt gestartet. Und ich sag dir ganz ehrlich: Heute bin ich heilfroh, dass der Typ mich rausgeekelt hat, weil ich dadurch jetzt glücklicher bin denn je.

Merkzettel

- Streich das Wort „Müssen“ aus deinem Wortschatz.
- Wenn du Druck spürst, dann atme dreimal tief ein und aus, und zwar bis in deinen Bauch hinein.
- Schreib eine To-do-Liste und sortiere sie nach Wichtigkeit.
- Mach dir immer bewusst: „Ich lebe, ich bin gesund. Alles andere ist nicht so wild.“
- Kauf am Wochenende besonders gesund ein, wenn du weißt, dass eine stressige Woche bevorsteht.
- Schaffe Nichtraunzerzonen um dich herum.
- Wenn du weißt, es wird ein langer Tag, dann mach eine längere Mittagspause.
- Wenn du es eilig hast, geh langsam!
- Schieb den Druck nicht ab!

19 KÖRPER, BEZIEHUNG, JOB: ZAHL IN ALLE BEREICHE EIN

Und, was wartet bei dir auf der Arbeit auf dich? Immer so ein richtiger Batzen Aufgaben, oder? So viel, dass du kaum mehr zu Hause bist. Irgendwann fängt dein Partner an, sich zu beschweren, dass ihr gar nix mehr zusammen unternehmt. Und die Kinder kennen dich nicht mehr. Ich frag dich: Was machst dann?

Ich glaub, dann nimmst dir vor, mehr Zeit mit deiner Familie zu verbringen. Sagst alles andere ab, um das auszugleichen. Arbeit und Familie vereinnahmen dich jetzt so sehr, dass du keine Zeit mehr für deine Freunde hast. Mit denen bist du sonst in der Woche immer mal ausgegangen. Jetzt nicht mehr. Und auch der Sport kommt zu kurz, denn dafür bleibt grad absolut keine Zeit. Wenn du dann ins Bett steigst, fällt dein Blick auf das Buch, das du seit zwei Monaten unbedingt lesen willst – aber jetzt bist du zu müde und musst schlafen. Weil morgen wieder der Batzen Arbeit wartet. Du gibst schon echt alles, aber schläfst dann noch mit einem schlechten Gewissen ein. Ich sag dir was: Wenn du so lebst, steckst du in einer ganz schönen Lebenszeitzwickmühle!

OHNE PLAN VERLIERST DU SCHNELL DIE ÜBERSICHT

Steckst du auf Dauer in der Zwickmühle, macht dich das superunglücklich. Wenn deine Lebensbereiche komplett aus dem Ruder laufen, gehst du die Wände hoch. Und wie kommst du aus dieser Situation wieder raus?

Wenn ich mich so mit Leuten über Lebensplanung unterhalte, hör ich ganz oft: „Pläne, die sind doch überflüssig! Pläne brauchst du, wenn du mit dem Bus oder der Bahn fahren willst, oder auf der Arbeit“,

sagen die dann. „Aber doch nicht im Privatleben! Wenn du da anfängst nach Plänen zu leben, ist das ja wie Arbeit!“ Das hat echt mal einer zu mir gesagt. Der machte in seiner Freizeit nur einmal pro Jahr Pläne: für den Urlaub! Ich sag dir was: Ich halt das für einen großen Schmarrn!

Weißt was? Wir machen alle ständig Pläne. Wenn du dich am Wochenende mit deinem Partner zusammensetzt und ihr gemeinsam eure Terminkalender für die Woche durchgeht: Wann können wir mal zusammen frühstücken, wann gehen wir gemeinsam ins Theater oder zum Sporteln in die Natur hinaus, welche Jobtermine muss jeder wahrnehmen. Da stellt ihr nix anderes auf als einen Plan!

Und das geht auch gar nicht anders, wenn beide bis ans Limit beschäftigt sind, sonst lebt ihr ja aneinander vorbei. Planung ist also gar nix Schlechtes, sondern etwas Superpraktisches. Und zwar grad für das Privatleben! Nur wenn du das gar nicht als Planung wahrnimmst oder sogar versuchst, möglichst nicht zu planen: Dann kannst du auch nicht die Vorteile nutzen. Und was kommt dabei heraus? Dass dein Leben aus der Balance gerät. Und du landest in der Zwickmühle.

Dabei ist das supereasy, deine Lebensbereiche optimal auszubalancieren – du brauchst halt nur ein optimales Zeitmanagement. Und weißt, was mir dabei hilft? Mein Modell für herausragende Lebensqualität!

DAS MODELL VOM LEBEN 4.0

Leben 4.0 klingt erst mal kompliziert, ist aber wirklich supereinfach. Die 4 steht für die vier Kreise, die zu einem richtig guten Leben dazugehören. Viel zu viele Leute begnügen sich damit, irgendwie zu überleben. Ich dagegen steh auf überragende Lebensqualität. Und das empfehle ich dir auch.

Damit du dir mein Modell vom Leben 4.0 vorstellen kannst, holst du dir einen Stift und ein Blatt Papier und zeichnest das Ganze auf.

Male vier große Kreise auf, die sich – wie die olympischen Ringe – überschneiden mit einer gemeinsamen Schnittmenge in der Mitte. Jeder Kreis steht für einen Lebensbereich:

- 1. Körper und Gesundheit
- 2. Job und Karriere
- 3. Familie, Beziehung und Freundschaft
- 4. Selbstverwirklichung

Der Bereich Körper und Gesundheit bezeichnet deinen physischen Zustand. Also wie fit du bist. Und was du alles so unternimmst, um körperlich in Form zu bleiben.

Unter Job und Karriere sammelst du alle Aspekte deines Berufslebens und deines Geldverdienens.

Der Kreis für Familie, Beziehung und Freundschaft umfasst alle dir wichtigen sozialen Kontakte.

Und der Bereich Selbstverwirklichung? Da fasst du alles zusammen, was du für dich tust. Um dein Leben so zu leben, wie du es dir vorstellst.

Wie funktioniert das jetzt in der Praxis? Ganz einfach. In jeden der vier Kreise trägst du einen Wert von eins bis fünf ein. Wie fühlst du dich gerade in Sachen Beziehungen auf einer Skala von eins bis fünf? Wie fühlst dich gerade in Sachen Karriere? Und so weiter … Je glücklicher und zufriedener du in einem Bereich bist, desto höher die Zahl.

Wenn du also gerade den Ironman in Hawaii gewonnen hast, kannst du bei Körper und Gesundheit mit stolzgeschwellter Brust eine Fünf eintragen. Aber pass auf, dass du den Stift dabei nicht zerbrichst vor lauter Kraft. Wenn du dich aktuell scheiden lässt, wirst du unter Beziehung vermutlich eher eine Eins oder Zwei eintragen. Oder auch eine Fünf, wer weiß?
Auf diese Weise kannst du dir superschnell aus dem Bauch heraus eine Übersicht darüber verschaffen, wie ausbalanciert dein Leben grad ist. Herausragend ist deine Lebensqualität dann, wenn du in allen vier Kreisen mindestens eine 4 stehen hast. Dann geht es dir wirklich gut. Wenn du gerade auch Einser hingeschrieben hast – das wird wieder, aber unternehmen solltest schon was! Und jetzt siehst du auf den ersten Blick, wo du aktuell investieren solltest.

INVESTIER REGELMÄßIG IN ALLE BEREICHE

Es ist ganz schön schwer, alle Lebensbereiche zugleich auf dem höchsten Level zu halten. Wenn du gerade einen superwichtigen Auftrag zu Ende bringst, dann müssen die anderen Bereiche schon mal kurz zurückstecken, bis du das geschafft hast. Und wenn du gerade bis über beide Ohren verliebt bist, werden deine Freunde Verständnis aufbringen müssen, dass du mit deinem Partner so viel Zeit wie nur möglich verbringen willst.
Wichtig ist, dass du solche Wellenbewegungen ausgleichst. Jeder Bereich funktioniert im Grunde wie ein Flugzeug. Du brauchst eine Menge Energie, um es in die Luft zu bekommen. Wenn es aber oben ist und es nur darum geht, den Flieger zu halten, brauchst du nicht mehr viel Energie. Erst beim Abstieg verbrauchst du wieder deutlich mehr. Darum: Schau, dass du alle Bereiche immer pflegst, damit du nicht unter den Mittelwert absackst!
Und wenn einer der Bereiche komplett fehlt, wird es sauschwer, richtig glücklich zu sein. Wenn du viel Geld verdienst und fit bist, aber

null Beziehungen hast, ist da eine Lücke. Das geht für einen kurzen Moment, aber nicht auf Dauer. Wenn du bei Gesundheit eine Null hast, was meinst, was dann passiert? Dann bist tot!

Kurzfristig ist es voll okay, wenn ein Bereich unter den Mittelwert fällt. Aber wenn der Mangel chronisch wird, hast du ein Problem. Kurzfristig kannst du schon mal die Gesundheit vernachlässigen, wenn du eine Firma aufbaust. Aber stehst du in einem Bereich zu lange unter dem Mittel, wird es kritisch, da fangen die Schwierigkeiten an. Wenn du wochenlang eine Zwei für dein Beziehungsleben einträgst, bedeutet das schon, dass du ziemlich unzufrieden bist. Dann solltest du was ändern, bevor es richtig bergab geht.

Und ändern geht nur, indem du planst. Dabei hilft dir das Modell vom Leben 4.0, weil du damit schnell sehen kannst, wo du gerade Defizite hast und welche Bereiche so gut laufen, dass du Mängel darüber ausgleichen kannst. Aber managen musst deine Bereiche schon noch selber. Setz dir Prioritäten, um deine Bereiche ausgeglichen zu halten. Ich hab mir dafür ein kleines Notizbuch mit 365 Seiten zugelegt, eine Seite für jeden Tag. Da trag ich mir alles ein. Da steht nicht nur meine To-do-Liste für die Arbeit drin, sondern mein ganzes Leben. Alles, was ich mir vornehm, schreib ich da rein. Und ich setz einen Haken an alles, was ich erledigt hab. Für Donnerstag hab ich zum Beispiel einen Freund eingeladen. Den hab ich schon ewig nicht gesehen. Mit dem schau ich abends Fußball. Und für das Wochenende hab ich mir vorgenommen, mir eine neue Trinkflasche für mein Radl zu kaufen. Beides Kleinigkeiten. Aber ich freu mich riesig auf beides. Und gerade mit solchen Dingen hältst du deine Lebensbereiche auf Höchstwerte. Wenn du es schaffst, deine Zeit, die du in deine Lebensbereiche investierst, zu managen, kommst du gar nicht erst in die Zwickmühle.

MERKZETTEL

- Achte dauerhaft auf die Balance deiner Lebensbereiche.
- Aktualisiere immer wieder dein Leben-4.0-Bild.
- Trag die Werte für deine Zufriedenheit ein.
- Schau, dass du nicht unter den Mittelwert fällst.
- Schaff dir ein Notizbuch oder einen Organizer an.
- Plane nicht nur deine Arbeit, sondern alle Lebensbereiche.

20 WENN DU STRAHLST, GEHT ES LEICHTER

Wenn du in einen Raum kommst und keinen kennst – ist schon im ersten Moment blöd, oder? Alle sind dir fremd. Du bist total verunsichert und kommst dir irgendwie deppert und fehl am Platz vor.
Wenn du aber eine positive Ausstrahlung hast, dann kann das schon viel verändern. Wenn du in den Raum kommst und strahlst, hat das eine magische Anziehung. Und weißt was? Die Leut strahlen zurück! Das gibt dir brutal Energie! Für mich ist es das schönste Gefühl, wenn ich es schaff, andere Menschen mit meiner guten Laune anzustecken. Andere glücklich zu machen. Ich sag dir, das ist die höchste Dimension des Glücks!

REGENWETTERGESICHTER GIBT'S GENUG

Weißt du, wie oft Kinder am Tag lächeln? 400-mal! Was meinst, wie oft ein durchschnittlicher Erwachsener täglich die Mundwinkel Richtung Himmel zieht? 15-mal! Wahnsinn, oder? Ein Kind ist unbeschwerter, klar, aber müssen wir deshalb unseren Humor verlieren, wenn wir älter werden? Schmarrn! Also Schluss mit dem Regenwettergesicht!
Keiner sagt, dass du künstlich gut drauf sein musst. Gute Laune vorzutäuschen ist anstrengend. Und nicht authentisch. Um von innen heraus zu strahlen, müssen erst mal deine Grundvoraussetzungen passen. Ein gesunder Körper ist sauwichtig. Wusstest du eigentlich, dass unsere Darmwand Glückshormone produziert? Und regelmäßiges Gedankenyoga zählt. Sag dir: Das Leben liebt mich! Ich habe ein schönes Leben! Bleib gelassen und sei dankbar. Natürlich ist es super, wenn du deine Zeit dann noch mit den Leuten verbringst, die dich auch wirklich zum Lachen bringen.

Wenn du verinnerlicht hast, was ich dir in den letzten Kapiteln so erzählt hab, hast du die besten Grundvoraussetzungen, um das Ziel dieses Buches zu erreichen: Dann kannst gut drauf sein!

LACH DEM LEBEN ENTGEGEN UND DU WIRST SEHEN: ES LACHT ZURÜCK!

Lachen ist gesund und macht das Leben leichter! Gerade an stressigen Tagen entspannt es, herzhaft zu lachen. Nutze jeden Gang aufs Toilettenhäusl, um dich im Spiegel anzugrinsen! Ich sag dir, das wirkt Wunder!
Auch in der Arbeit ist gute Laune ansteckend. Du kannst Leute mitreißen – und wirst mitgerissen. Das trägt zu produktiver Arbeit bei. Selbst an ein schwieriges Gespräch, ob mit Freunden oder Kollegen, kannst du positiv rangehen. Das macht die Atmosphäre schon mal angenehmer. Dein Lächeln ist ein Anker, das beruhigt die Situation. Ich spiel vor jedem Vortrag in mir einen Kinofilm ab: Ich gehe meine Vision durch, wie ein Marathonläufer vor dem Rennen. Aus welchem Grund betrete ich jetzt den Raum? Was will ich erreichen? Wie wird es mir hinterher gehen? Ich versetz mich in gute Stimmung, push mich hoch.
Wenn du irgendwo ganz neu bist, dann ist ein Lächeln meist nicht genug. Da musst du schon direkt auf die Menschen zugehen. Deine Komfortzone verlassen. Versuche dabei nicht, in zehn Minuten 30 Leute kennenzulernen und jeden Namen abzugrasen. Vertrau auf dein Bauchgefühl und entscheide schnell, zu wem du Zugang finden willst. Ist doch blöd, den ganzen Tag an einem Tisch mit Leuten festzusitzen, denen du nichts zu sagen hast. Nicht jeder passt zu jedem und das muss auch nicht sein. Keiner verlangt, dass du alle super findest und mit jedem gut kannst. Das führt nur zu gezwungenen Gesprächen und Schauspielerei. Schau dich im Raum um. Such dir

drei, vier Leut, die dich interessieren, von denen du dich angezogen fühlst. Dann versuch Blickkontakt aufzubauen und lächle ihnen zu. Und weißt was? Die Leut, die zurücklächeln, das sind die richtigen! Das ist ein schneller Check, ob's passt. Mit diesen Menschen kannst du gut ins Gespräch kommen.

Auf die steuerst zu, sagst Hallo und stellst dich locker vor. Denk immer dran: Die anderen waren auch alle schon in dieser Situation und kennen das Gefühl von Unsicherheit. Das Gespräch mit einem kleinen Kompliment zu starten ist auch immer gut: „Hey, ich hab grad so durch den Raum geschaut und dacht mir: Wow, was für eine positive Ausstrahlung!"

Bei dem ersten Scannerblick ist es gut, jedem eine Chance zu geben. Wenn du dann im Gespräch merkst: Passt doch nicht – dann gehst halt schnell zum Nächsten. Ist ja nix passiert. Lass dich nicht von Vorurteilen lenken. Im Gegenteil! Am besten suchst du dir gerade nicht die hübscheste Person im Raum aus. Da hast du es womöglich am schwersten. Geh strategisch vor. Wenn du dir neben 30 Männern die einzige fesche Frau rauspickst, hast gleich 30 Gegner. Kümmere dich um die, die nicht so belagert sind. Und wenn ihr ins Gespräch kommt, dann zeig Interesse an deinem Gegenüber, anstatt gleich deinen Müll abzuladen. Mach dich selber nicht wichtig, aber sei selbstsicher und positiv.

Aber hey, teil dir deine Strahlkraft gut ein! Wenn du drüber bist, kann das anderen auch auf die Nerven gehen. Das ist so gefährlich, wie auf regennasser Straße zu schnell zu fahren. Oder stell dir das so vor: Du schläft nachts und plötzlich hält dir jemand ein knallend helles Neonlicht vor den Zinken. Das ist doch unangenehm, oder? Überstrahl also nicht, sondern pass dich den Verhältnissen an. Fahre deine Strahlkraft herunter, wenn nur dunkle Menschen im Raum sitzen. Aber sei immer vorn mit dabei.

Und wenn du das nächste Mal jemanden entdeckst, der verunsichert im Raum rumsteht, dann lass ihn nicht in der Ecke hocken. Sondern geh freudestrahlend auf ihn zu, und zwar so, wie du gern empfangen wirst. An dem Spruch „Wie man in den Wald hineinruft, kommt es heraus“ ist was Wahres dran! Glaub mir, die andere Person wird vor Erleichterung strahlen!

MERKZETTEL

- Strahl, wenn du einen Raum betrittst.
- Versuche, in Stresssituationen herzlich zu lachen.
- Schau in den Spiegel und strahl dich an!
- Geh auch an schwierige Gespräche positiv ran.
- Geh auf die Leute zu, von denen du dich angezogen fühlst.
- Die Leut, die zurücklächeln, das sind die richtigen!
- Lass dich nicht von Vorurteilen lenken. Gib jedem eine Chance.
- Wenn du im Gespräch merkst: Passt nicht, dann geh schnell zum Nächsten.
- Kümmere dich um die, die nicht so belagert sind.
- Pass deine Strahlkraft an die anderen an! Aber sei am hellsten!

DIE 21 SCHRITTE HIN ZUR ÜBERRAGENDEN LEBENSQUALITÄT:
BESSERE LIEBE,
MEHR GESUNDHEIT,
ULTIMATIVER ERFOLG

1: Lach dich schlank!

2: Tomaten statt Ketchup

3: Der Akut-Stress-Knacker

4: Intervalltraining für dein Hirn

5: Werde Fernseh-Koch

6: Sexy statt Sixpack

7: Versetz deinen Job in Bewegung

8: Heute geschlossen

9: Schick die Sucht zum Teufel

10: Nimm Kondome ohne Löcher

11: Führ eine Komplimenteliste

12: Mach den Pareto

13: Trainiere kurz und knackig

14: Füttere deine Ziele-Box

15: Fette Denkleistung

16: Lass die anderen gut sein

17: Fang an und hör nicht auf

18: Frage dich zum Erfolg

19: Schürfe Beziehungsgold

20: To-do-for-you

21: Mach dich locker erfolgreich

Das war jetzt ganz schön viel Information. Wenn du magst, lies immer mal wieder das eine oder andere nach: Man vergisst ja so viel. Oder noch besser: Setz einfach Kapitel für Kapitel um. Bau deinen Alltag so um, dass er deiner hervorragenden Lebensqualität nicht im Weg steht, sondern nützt. Denn schließlich willst du in deinem Leben nicht nur einfach überleben, sondern das Beste daraus machen. Oder?
Es ist ja auch nicht so schwer. Weißt du, ich schau schon immer darauf, dass das, was ich empfehle, auch machbar ist. Du kannst viel verändern, ohne dass du dein bisheriges Leben komplett über den Haufen schmeißen musst. Ohne dass du deinen Job kündigen und deiner Freundin leise Servus sagen musst. Es passiert schon unheimlich viel, wenn du nur ein Stück bewusster an dein Leben, deinen Körper und deine Haltung rangehst.
Ich glaub auch, dass mit jedem Schritt du Lust auf noch mehr Schritte bekommst. Dein Leben macht dir nämlich viel mehr Spaß, wenn du statt im Mangel in der Fülle lebst. Und das spürst du schon mit der Umsetzung von einigen der vielen Tipps, die ich dir in diesem Buch gegeben habe. Wenn du es einmal gespürt hast, dann wirst süchtig: Süchtig nach einem rundherum erfüllten Leben. Das ist die einzige Sucht, die dir nicht schadet, sondern nur nützt.
Damit der Einstieg nicht so schwer ist, habe ich dir hier 21 Schritte zusammengestellt. Such dir am besten für die erste Woche drei raus. Wenn du die die nächsten Tage durchziehst, dann spürst du schon einen Unterschied. Das garantier ich dir.
Und in der zweiten Woche nimmst noch drei dazu. So steigerst dich in nur sieben Wochen von null auf hundert. Wichtig ist, dass du durchhältst, ohne zu verkrampfen. Du kennst mich ja inzwischen: Der Krampf ist gar nicht meins. Wer versucht, päpstlicher als der Papst zu sein, hat vielleicht kurzzeitig Erfolg damit. Auf lange Sicht wird das nie funktionieren, weil es auf die Art keine Freude macht. Und ohne Freude im Leben ist das ganze Leben nix!
Also: Packs an und hab Spaß dabei!

1: LACH DICH SCHLANK!

Jede Minute, die du lachst, verlebst du 60 glückliche Sekunden. Das allein ist es aber nicht: Es ist erwiesen, dass Lachen den Cortisolspiegel in deinem Blut senkt. Cortisol ist ein Stresshormon, drückt auf die Seele und begünstigt die Fetteinlagerung. Das Lachhormon Endorphin dagegen wirkt genau umgekehrt: Wenn du herzhaft lachst, tust also nicht nur was für deine Stimmung, sondern auch für deine Figur.
Halt deshalb die Augen auf nach Sachen oder Situationen, die dich zum Lachen bringen. Lass lieber mal eine Gelegenheit zum Workout aus, aber nie eine zum Lachen.

2: TOMATEN STATT KETCHUP

Du kannst nur so viel Leistung bringen, wie du deinen Motor mit gutem Treibstoff versorgst. In deinen Autotank würdest du auch keinen Dreck einfüllen, oder?
Das Zauberwort ist „Clean Eating". Gemeint ist, dass du vorwiegend frische, natürliche, unverarbeitete Lebensmittel isst statt industriell zubereitetes Essen. In dem stecken jede Menge Zusatzstoffe, die du gar nicht brauchst oder die dir sogar schaden.
Ab und zu mal Ketchup mit Pommes ist schon in Ordnung, wenn auf deinem Teller viel häufiger frische Tomaten zusammen mit Salat landen. Volle Leistung können dein Körper und dein Hirn nur geben, wenn du sie „sauber" versorgst.

3: DER AKUT-STRESS-KNACKER

Bist du mega im Stress, dann vergisst du leicht alle deine guten Vorsätze. Das macht Stress zu einer harten Nuss auf dem Weg zu besse-

ren Gewohnheiten. Dabei reicht meistens schon ein kleiner Trick, um diesen Akut-Stress zu knacken.
Ich mach das für mich so: Ich hör auf meine Alarmglocken. Die gehen an, wenn ich auf 180 bin und drauf und dran, einen Blödsinn zu machen. Allein dadurch, dass ich mir meinen Zustand bewusst mache, komme ich schon ein kleines Stückerl runter.
Dann atme ich ein, halt den Atem an, zähle bis drei und spanne gleichzeitig eine Muskelgruppe an, meinen Bizeps zum Beispiel. Anschließend atme ich langsam aus und lasse die Muskeln locker.
Das reicht schon, damit ich mein Stresslevel so weit gesenkt habe, dass mein Hirn wieder denken kann.
Probier's aus: Du wirst sehen, es funktioniert.

4: INTERVALLTRAINING FÜR DEIN HIRN

Ich kenn viele, die Probleme mit der Konzentration haben. Denen erklär ich immer, dass das mit der Aufmerksamkeit nix anderes ist wie mit der Muskulatur: Die will trainiert werden, damit sie Ausdauerleistung bringt.
Ich empfehle deshalb ein Intervalltraining. Das hat sich nicht nur für den Körper bewährt. Baue deine Arbeits- oder Lernstunde nach folgendem Prinzip auf:
Du konzentrierst dich zehn Minuten lang. Mehr nicht. Es geht viel leichter, wenn du weißt, dass nach so kurzer Zeit schon Erholung winkt. Dann gönnst du dir zwei Minuten Pause. In dieser Zeit machst du ein paar Liegestütz, trinkst ein Glas Wasser, meditierst ein bisserl oder schaust einfach nur aus dem Fenster. Nur von Facebook und Co. lässt du in diesen zwei Minuten bitte die Finger.
Den Ablauf wiederholst du die nächsten 60 Minuten. In den folgenden Tagen steigerst du die zehn Minuten auf elf, zwölf und so weiter. So arbeitest du dich bis auf zwanzig Minuten Konzentration und zwei Minuten Pause hoch – und kriegst dank Intervalltraining schon richtig was geschafft.

5: WERDE FERNSEH-KOCH

Wenn du tagsüber unterwegs bist, ist es nicht so leicht, dass du dich trotzdem gut ernährst. Oft erwischst du nix als Fast Food. Dabei hättest du daheim im Kühlschrank so viele frische Lebensmittel, aus denen sich tolle Snacks auch für to go machen lassen würden.
Doch ich weiß schon: Morgens ist die Zeit immer knapp. Da reicht es häufig nicht mehr, sich noch was herzurichten. Deshalb bin ich ein Fan davon geworden, am Abend vorher schon für meinen Vorrat zu sorgen. Statt beim Fußballspiel in der Halbzeitpause auf dem Sofa sitzen zu bleiben, stell ich mich schnell in die Küche und schneid das Obst, das Gemüse und den Salat, mix mir den Smoothie oder koche was, das ich gut mitnehmen kann. Und immer wenn's beim Spiel weitergeht, bin ich eh gleich da zum Schauen. Auf die Art bin ich ein begeisterter Fernseh-Koch geworden. Kann ich nur empfehlen ...

6: SEXY STATT SIXPACK

Ein toller Body ist was Schönes. Doch das, was richtig anmacht – und zwar die Mädls wie die Männer –, ist eine tolle Ausstrahlung. Wenn du die hast, stören auch ein oder zwei Fettpölsterchen nicht.
Nur kommt auch die Ausstrahlung nicht von ganz allein. Du kannst genauso systematisch etwas dafür tun wie für den Aufbau deiner Muskeln. Zwei Dinge sind dafür wichtig: Erstens, dass du dich selber magst, und zweitens, dass du magst, was du tust.
Für das Erstere schreibst du dir auf, was du an dir gut findest. Denk so lange nach, bis du eine lange Liste zusammenhast. Nimm dir ausreichend Zeit dafür, denn den meisten von uns fällt erst mal ein, was sie an sich schlecht finden.
Und für das zweite suchst dir ein Thema, was dir viel Freude macht, und klemmst dich dahinter. Da bist du Feuer und Flamme – und das allein kommt schon gut. Noch dazu triffst du Leute, die am Gleichen

Spaß haben: Das ist die beste Voraussetzung fürs Anbandeln, denn ein gemeinsames Interesse verbindet und schafft eine gute Grundlage für eine Beziehung.
Und wenn du zur tollen Ausstrahlung noch einen fitten Körper hinkriegst: Super, das ist dann die Sahnehaube.

7: VERSETZ DEINEN JOB IN BEWEGUNG

Es ist ein megacooler Trend am Anrollen aus den USA: Laufbänder mit Laptop-Halterung. Das Band läuft nur mit drei oder vier Stundenkilometern, du gehst also gemütlich vor dich hin, während du arbeitest. Ich habe es ausprobiert: Fühlt sich super an.
Ich habe auch schon Konferenztische gesehen, bei denen die Fahrräder integriert sind. Die sind dafür gedacht, dass die Teilnehmer während der Besprechung radeln. Das ist ganz schön clever, denn körperliche Bewegung schärft nachweislich die Aufmerksamkeit und den Verstand. Da gibt's viele gute Ideen: Meetings am Stehtisch gehen zum Beispiel schneller als im Sitzen. Oder ihr probiert mal eine Businessbesprechung im lockeren Laufschritt zu Mittag.
In der immer gleichen Haltung am immer gleichen Arbeitsplatz zu sitzen, führt nachgewiesenermaßen zu einem geringen Denkvermögen. Wenn du durchstarten willst, dann sorg dafür, dass du auch im Job in Bewegung kommst. Warte nicht darauf, bis dein Arbeitgeber dir so ein Laufband spendiert. Mach es dir zur Gewohnheit, immer wieder aufzustehen, den Platz und die Haltung zu wechseln. Schaut dich wer blöd an deshalb? Lach und lad ihn ein, mitzumachen.

8: HEUTE GESCHLOSSEN

Ich hab ein Ziel für dieses Jahr: Ich will nur noch an zwei oder drei Tagen in der Woche meine Mails abrufen. Dafür richte ich mir ein

Zeitfenster ein und kann die Mails dann auch gleich beantworten. Denn es raubt einfach unglaublich viel Energie, wenn du dauernd schaust, was da wieder rein gekommen ist, und doch keine Zeit hast, dich darum zu kümmern. Das gilt für die ganzen anderen Programme und Apps genauso: Ständig poppt irgendeine Nachricht auf und reißt dich raus.

Weil ich das erkannt habe, bin ich zum Verfechter der selektiven Ignoranz geworden: Ich will mich auf das Wesentliche konzentrieren. Das empfehle ich auch dir, weil das Leben ist zu kurz und zu schön, um es mit unwesentlichen Dingen zu vertrödeln.

Die Konzentration auf des Wesentliche geht aber nur, wenn du den Rest so weit wie möglich eindämmst. Das ist nicht so schwer, doch gehört ein bisschen Disziplin dazu, dass du dich auch daran hältst, wenn du beschlossen hast, dass du heute offline bist.

Und sei so nett und sage den Leuten Bescheid, dass du es so machst: Ich habe noch keinen getroffen, der nicht Verständnis dafür hatte, wenn ich es ihm erklärt habe, warum ich am Sonntag nicht mehr erreichbar bin.

9: SCHICK DIE SUCHT ZUM TEUFEL

Bei Sucht denken alle immer gleich an Alkohol, Nikotin oder andere Drogen. Das ist schon schlimm. Doch noch viel verbreiteter sind andere Süchte: die nach Social Media zum Beispiel. Oder die nach Zucker. Oder die nach der nächsten Netflix-Soap.

Es ist schon krass, wie wir uns von Gewohnheiten verführen lassen: Wir konsumieren Zeug, das uns nicht guttut, und verschwenden Zeit ohne Ende, die uns für die schönen Dinge des Lebens wie Bewegung und Freunde treffen dann fehlt.

Mit einer Sucht oder auch nur einer Gewohnheit zu brechen, ist ein Stück Arbeit. Doch ich leg dir dringend ans Herz: Mach dir die Mühe, es lohnt sich.

Zwei Ideen will ich dir dafür geben: Die erste ist, dass du dir diese Sucht ganz offen eingestehst und aktiv beschließt, dass du dir das nicht mehr antust. Mach meinetwegen einen Vertrag mit dir selbst oder setz dir eine Belohnung aus, wenn du es hinkriegst.
Die zweite Idee ist, dass du dich mit neuen Aufgaben fütterst. Such dir welche, die dich begeistern und an denen du gleichzeitig zu knabbern hast. Dann füllst du den Raum, den die Sucht sich bei dir geschaffen hat, nahtlos aus und fühlst die entstehende Leere in der Zeit der Entwöhnung nicht so.

10: NIMM KONDOME OHNE LÖCHER

„Haha" denkst du jetzt vielleicht, „wer wird denn so blöd sein, ein Kondom mit Loch zu benutzen?" Absichtlich sicher keiner. Doch was ist, wenn das Verhüterli ganz normal aussieht, weil die Löcher klein sind? Die Folgen können fatal sein. Das ist bei den Vitaminen nicht anders.
Ich rate auf jeden Fall dazu, dass du dich nicht auf deine gesunde Ernährung allein verlässt. Die einseitigen Züchtungen, die Anbaumethoden, die Überdüngung, die Spritzmittel: All das führt dazu, dass auch in frischem Obst und Gemüse heute lange nicht mehr das drin ist, was es von außen verspricht. Deshalb geht gute Versorgung nicht mehr ohne gezielte Supplementierung.
Kaufst du aber synthetische Vitamine, dann ist das so, als würdest du Kondome mit Löchern kaufen: Du siehst es ihnen von außen nicht an und doch taugen sie nicht. Achte deshalb immer auf die 100 % natürliche Herkunft deiner Vitalstoffe. Heute mehr denn je.

11: FÜHR EINE KOMPLIMENTELISTE

Ich wette, du bekommst immer mal wieder etwas Nettes gesagt: Es macht dir einer ein Kompliment zu dem, was du tust, wie du lächelst, zu deinem Outfit, zu deinem Trainingszustand und so weiter. Schreib dir das auf!

Das hat nix mit Eitelkeit oder Selbstverliebtheit zu tun. Du bist einfach besser drauf, wenn du dich an die guten Sachen länger erinnerst. So kannst du dich selber zum Optimisten machen. Und Optimisten haben nicht nur mehr Spaß im Leben: Es gibt viele Studien, die beweisen, dass positiv denkende Menschen weniger krank sind, schneller gesund werden und länger leben. Erfolgreicher sind sie obendrein.

Die Komplimenteliste erinnert dich jeden Tag an deine tollen Seiten und bestärkt dich in dem Glauben, dass das Leben es gut mit dir meint. Das strahlst du dann übrigens auch aus: Du sendest positive Vibes in die Welt. Das macht dich nicht nur sympathisch, sondern auch attraktiv.

12: MACH DEN PARETO

Perfektionismus ist der Tod der Umsetzung. Du kannst nie etwas bis ins Letzte perfekt machen und deshalb trauen sich viele Perfektionisten erst gar nicht anzufangen. Doch wer nicht anfängt, wird auch nicht erfolgreich.

Das Paretoprinzip sagt, dass du 80% des Ergebnisses mit 20% des Aufwands erreichst. Das heißt, selbst wenn du etwas nicht perfekt tust, erreichst du schon eine Menge.

Deshalb ist mein Tipp: Wenn du von etwas überzeugt bist, pack's an. Handele mit Leidenschaft und nach Bauchgefühl, dann hast du die besten Voraussetzungen, es hervorragend zu machen. Vielleicht wird's sogar perfekt – aber mach dir darüber nicht schon am Anfang einen Kopf.

13: TRAINIERE KURZ UND KNACKIG

Viele Leute machen lange nix und wenn sie dann was tun, wollen sie alles auf einmal nachholen. Das muss schiefgehen. Deshalb trainiere lieber kurz, aber dafür jeden Tag.
Neueste Studien sagen sowieso, dass ein kurzes, intensives Training eine tolle Wirkung auf deine Muskeln, aber auch auf dein Herz und dein Hirn hat. Sogar die echte Fettverbrennung kommt in Gang damit, weil deine Muskeln die richtigen Botenstoffe an den Stoffwechsel schicken.
Das funktioniert aber nur, wenn du an dein Limit gehst. Und mach Übungen, bei denen dein ganzer Körper beschäftigt ist – den Mountain-Climber zum Beispiel. Vier Minuten lang mit richtig Power dahinter und du kannst einen Haken setzen an dein erstes Mini-Workout heute.

14: FÜTTERE DEINE ZIELE-BOX

Um Ziele zu erreichen, brauchst du ein bisschen einen Freiraum, auch finanziell. Der schafft sich oft nicht von allein. Doch überlege dir: Erreichst du mit dem, was du heute tust, das, was du erreichen willst?
Ich habe von einer Kollegin eine coole Idee dazu gehört: Sie hat bei sich daheim eine Box aufgestellt. In die steckt sie jeden Fünf-Euro-Schein, den sie an der Kasse herausbekommt. Die fünf Euro tun ihr nicht weh und doch summieren sich die Scheine relativ schnell zu einem vernünftigen Betrag.
Kleb auf diese Box ruhig ein Bild von deinem Ziel, damit du es immer vor Augen hast. Das ist gut für die Motivation und für deine Investitionsmöglichkeit für die nächste Ausbildung, die Aktivtage oder das Coaching, damit du deinem Ziel einem Stück näher kommst.

15: FETTE DENKLEISTUNG

Dein Hirn ist eine echte Power-Maschine. Es hat nur 2% Anteil am Körpergewicht und verbraucht 20% deiner Ruheenergie. Damit es seine bestmögliche Leistung bringen kann, solltest du es auch bestmöglich versorgen.

Da die Hirnmasse zu 60% aus Fett besteht, ist es kein Wunder, dass die richtige Auswahl bei den Fetten in deiner Ernährung besonders wichtig ist. Denn Fett ist nicht gleich Fett: Untersuchungen an Ratten haben gezeigt, dass gesättigte Fettsäuren in Kombination mit Zucker sogar zu einer Senkung der Hirnleistung führen.

Schau deshalb auch deiner Denkleistung zuliebe darauf, dass du dich an die guten Fette hältst. Das sind die ungesättigten Fettsäuren - die kann der Körper nämlich nicht selbst herstellen. Lass die ölige Pizza und die triefenden Pommes stehen und halt dich an Fisch und Nüsse. Da greif ordentlich zu. Oder du holst dir hochwertige Omega Kapseln dazu.

16: LASS DIE ANDEREN GUT SEIN

„Schimpf nie über andere Leut!“, hat meine Oma immer gesagt. Sie hat so recht und zwar aus zwei Gründen: Der eine ist, dass dein Körper beim Schimpfen Negativ-Hormone ausschüttet. Du treibst dich damit selbst in eine miese Stimmung und schadest dir. Willst du dir das wirklich antun? Wenn nicht, dann lass es einfach.

Der zweite Grund ist, dass du dich positiv abheben kannst. Schau dich mal um: Die meisten ziehen über andere her, sobald die den Raum verlassen haben. Sei du der, der dafür bekannt ist, dass er die anderen gut sein lässt, statt sie mieszumachen. Du wirst sehen: Diese positive Ausstrahlung bringt dir mehr als alles Schimpfen zusammen.

17: FANG AN UND HÖR NICHT AUF

Deine Motivation setzt dich in Bewegung. Den nachhaltigen Erfolg aber erreichst du erst, wenn du in Bewegung bleibst. Nach einmal fünf Minuten Bauchmuskeltraining passiert noch nicht viel. Wenn du an 42 Tagen hintereinander deine fünf Minuten absolviert hast, dann spürst du die Wirkung nicht nur – du siehst sie auch.

So ist das mit allem, was du anpackst: gesund essen, eine Sprache oder ein Musikinstrument lernen, eine Idee verwirklichen. Erst wenn du dranbleibst und eine Routine draus machst, kommst du weiter. Die Energie, die du reinsteckst, wenn du es nur einmal versuchst und dann gleich wieder sein lässt, ist komplett für die Katz.

Was dir dabei helfen kann dranzubleiben, ist, wenn du dir fixe Zeiten für deine neue Gewohnheit blockst. Wenn du die ernst nimmst, kann eigentlich nix mehr schiefgehen. Denn im Prinzip gibt es nur zwei Fehler, die du machen kannst: nicht anfangen oder zu früh aufhören.

18: FRAGE DICH ZUM ERFOLG

Kennst du jemand, der etwas erreicht hat, was du noch erreichen möchtest? Einen, der so richtig Erfolg hatte? Das ist gut. Nicht weil du ehrfürchtig zu ihm aufschauen kannst. Respekt darfst du vor der Leistung gern haben, aber Ehrfurcht? Das braucht's nicht. Im Gegenteil: Geh hin zu dem und frag ihn, wie er das gemacht hat. Du musst nicht alle Fehler selbst machen, um daraus zu lernen.

Die meisten trauen sich das nicht, auch weil sie glauben, dass sie sowieso keine Antwort kriegen. Ich habe die Erfahrung gemacht, dass die, die wirklich erfolgreich sind, ihr Wissen sogar gerne teilen. Die freuen sich, wenn du sie danach fragst.

Sie haben entdeckt, dass sie nach dem Teilen nicht weniger, sondern mehr haben: Der größte Erfolg ist es nämlich, wenn du andere erfolgreich machen kannst.

Das gilt auch für gute Freunde: Wenn ich eine Idee habe, dann challenge ich die zuerst mit einem meiner engen Freunde. Und ich freu mich sogar, wenn der mit guten Argumenten widerspricht, denn er erspart mir viel Zeit und Energie. Dafür spendier ich auch gern ein Abendessen, denn so ein Gespräch bringt mir mehr als 1000 Businesspläne.

19: SCHÜRFE BEZIEHUNGSGOLD

Meine Oma hat in fast allem recht, nur in einem nicht: Miteinander Reden ist nicht Silber, sondern Gold. Wenn du aufhörst, mit deinem Partner zu reden, dann bringst du deine Beziehung in ernste Gefahr. Und wenn ihr noch gar nicht zusammen seid, ist das gleich noch gefährlicher: Wie wollt ihr euch kennenlernen und aufeinander eingehen? Klar kannst du dich auf Sex beschränken, doch ich kenne kein Paar, bei dem das für ein gemeinsames Glück auf Dauer ausgereicht hat.

Deshalb nehmt ihr euch am besten zusammen vor, fleißig an diesem Beziehungs-Gold zu arbeiten. Nehmt euch ganz bewusst Zeit zu zweit. Das heißt nicht nur, dass ihr was zu zweit macht – ohne Freunde oder Familie drum herum. Das heißt auch: In dieser Zeit bleiben Handy und Fernseher aus sowie das Laptop zu. Schaut euch direkt in die Augen und hört einander zu.

Plant euch diese Termine fest und regelmäßig ein, damit euch der Alltag nicht die Beziehung auffrisst. Richtet euch so oft wie möglich die Lieblingszeit mit eurem Lieblingsmenschen ein.

20: TO-DO-FOR-YOU

To-do-Listen im Job kennt so ziemlich jeder, To-do-Listen für die eigene Gesundheit, die Familie, die Freunde führt kaum einer. Dabei ist das eine super Sache: Wenn du was aufschreibst, hast du vorher drüber nachgedacht. Du hast dir bewusst gemacht, dass dir das wichtig ist. Allein das gibt der Angelegenheit schon mal mehr Gewicht, als wenn es dir nur ab und zu als Idee durch das Hirn huscht.

Wenn du dir zwei oder drei Sachen auf deine persönliche To-do-Liste nimmst und die dann abhaken kannst: Dann siehst du auch schwarz auf weiß, dass du was weitergebracht hast. Das gibt dir ein gutes Gefühl und Schwung, um die nächsten Punkte auf deine Liste zu schreiben und auch anzugehen.

Das ist übrigens auch das Geheimnis von denen, die trotz Stress in Job und Familie es schaffen, fünfmal in der Woche zum Joggen zu gehen. Es steht auf ihrer To-do-Liste und deshalb machen sie es. Bewundernswert, oder?

21: MACH DICH LOCKER ERFOLGREICH

Mal ehrlich: An was erinnern sich die Leute nach einem Treffen? Erinnern sich die an die Zahlen, Daten und Fakten, die sie von dir erfahren haben, oder erinnern sie sich daran, wie du gewirkt hast?

Heute kann keiner mehr einen haben, der zum Beispiel von oben herab mit den anderen umgeht. Oder verdruckst in der Ecke steht und keinen Ton rausbringt. Das Erfolgsrezept heute heißt: Lockerheit.

Wenn du locker und freundlich bist, kommst du gut rüber. Dann kannst du die Menschen auch begeistern und mitreißen. Das ist unglaublich wichtig, denn einer allein kriegt heute nix mehr gestemmt. Du brauchst immer Unterstützer, die sich mit dir zusammen für den Erfolg reinhängen.

Mit der Lockerheit kannst du auch souverän damit umgehen, wenn deine Mitstreiter mal anderer Meinung sind: Du musst darauf pochen, recht zu behalten um des Rechthabens willen. Es reicht, wenn du dich bei den Sachen durchsetzt, die dir wichtig sind. Bei allen anderen Situationen kannst du den anderen recht geben – weil du locker drauf bist.

So, jetzt hast 21 Gelegenheiten zum Einsteigen in dein Leben in der Fülle. Such dir die zwei oder drei Lieblingstipps, mit denen du am liebsten gleich heute anfangen magst.
Und wenn du die hast: Super! Leg los!

UND, BIST JETZT GUT DRAUF?

Vom Lesen alleine vielleicht noch nicht, aber vom Umsetzen wirst du es – das garantiere ich dir. Dein Leben kann super funktionieren, Tag für Tag, wenn du nur damit anfängst, ein bisserl was von dem zu leben, was in diesem Buch steht. Es ist ganz egal, wie alt oder wie fit du gerade bist: Wenn du heute anfängst, den Mangel in deinem Leben abzuschaffen und in die Fülle zu kommen, dann gehst du ab jetzt mit einem Lächeln durch's Leben.
Ich wünsche dir viel Spaß und Erfolg dabei.
Und wenn du auf dem Laufenden bleiben willst in Sachen Fülle, Fitness, toller Figur und Freude, dann gehst du auf meine Homepage www.toniklein.com oder auf mein Facebook-Profil: Ich mach dort dauernd was Neues, Cooles, Spannendes – weil ich einfach Spaß dran hab, andere Menschen zu motivieren, Spaß an ihrem Leben zu finden.
Ich freu mich auch, auf diesen Kanälen von dir zu hören: Denn wenn du ab heute mehr Freude an deinem Leben hast, weil du raus aus dem Mangel und voll in die Fülle gehst, dann macht mich dein Erfolg froh.

Servus, pfia'di und bis bald!

Der Toni

DER AUTOR:

„Der Toni“ hat eine Passion: Menschen zu einem positiven Lebensstil zu motivieren. Das ist ihm bereits mit seinem ersten Bestseller „Das Toni Klein Prinzip“ gelungen. Auch in seinen zahlreichen Vorträgen und Seminaren, TV-Auftritten und Coachings, Interviews und Social-Media-Aktivitäten schafft er es, den Funken der Begeisterung für ein energiereiches, gesundes Leben weiterzugeben. Er macht, was er liebt, weil er das Leben liebt. Und genau das gibt er auch an andere Menschen weiter: Er bringt sie zum Strahlen.

Toni Klein machte sich schon während des Studiums als Personal Trainer selbstständig und baute eine Fitnessstudio-Kette mit über 60 Studios auf. Doch der gelernte Sportwissenschaftler hat früh gemerkt, dass ein trainierter Körper nicht alles ist: Es kombiniert eine positive innere Einstellung mit intelligenter, zeitgemäßer Ernährung und körperlicher Fitness und schlägt mit viel Energie dem Stress ein Schnippchen.

Das kommt auch in Unternehmen gut an: Dort sorgt der Toni dafür, dass alle Mitarbeiter fit sind. So motiviert er Menschen allen Alters und in allen Lebenslagen, ein glücklicheres Leben mit überragender Lebensqualität zu führen. Damit sie einfach gut drauf sind! Mehr über den Autor unter www.toniklein.com sowie als „Der Toni“ auf Facebook, Twitter und Instagram.

Abschließende Worte des Autors:

Ich freue mich riesig, dass ihr mein Buch zu Ende gelesen habts, und möchte euch als kleines Dankeschön noch ein Geschenk machen. Was es ist, findet ihr heraus, wenn ihr euch hier registriert:

www.toniklein.com/keinschmarrn

Gorus Certified Publication ist ein Qualitätssiegel für Bücher, die im Selbstverlag ihrer Autoren erscheinen. Es stellt für Sie, den Leser, die konzeptionelle, gestalterische und textliche Qualität sicher. Dafür wurde dieses Buch von einer Jury aus erfahrenen Buchprofis detailliert geprüft und nach den Qualitätskriterien bewertet, die die Agentur Gorus in jahrzehntelanger erfolgreicher Arbeit im deutschsprachigen Sachbuchmarkt entwickelt hat. Nur Büchern, die diesen Kriterien genügen, wird das Gütesiegel verliehen.
Weitere Informationen: www.certified-publication.de.

Erscheinungsjahr 2018
1. Auflage

www.toniklein.com

Umschlaggestaltung: Extractdesign
Coverfoto: KWER, Max Tosch
Layout: Extractdesign
Satz: Bettina Wahl
Verlag: Toni Klein
Druck: Alföldi, Debrecen/Ungarn
Printed in Hungary

ISBN: 978-3-947572-02-1